回味无穷

p.7

p.8

p.9

p.11

p.12

清凉的蕾丝开衫

p.19

p.21

p.22

p.23

p.24

p.30

p.31

华丽优美的连接花片

全部钩织花朵花片，
或者用花片作点缀。
色彩迷人、优美的连接花片来了。

套头衫

花朵花片即使只有少许几片，
也非常吸引眼球。
在夏季的骄阳下，
穿一件清爽的镂空花样套头衫吧。
使用含有光泽柔和的
金银丝线的线材，
更添几分华美的感觉。

设计：松泽初枝
制作：前泽美幸
使用线：Ski Sofia、Ski Vega
编织方法：p.36

01

套头衫

紫红色的花样连接在一起，
就像水面上的层层波纹。
张弛有致的花样效果，
充满个性的光芒。

设计：小野琇未
使用线：Ski Cotton Linen ~夏衣~
编织方法：p.33

02

斗篷

随便罩在肩上即可，
斗篷非常方便。
织片很有立体感，
在走动时会随着步伐摇曳生姿。
中央排列着花朵花片，
可以横着穿，也可以竖着穿，
就像两件不同的衣服。

设计：矢野康子
制作：长谷川千代子
使用线：Ski Sofia
编织方法：p.43

03

04

套头衫

简单的织片上均匀地布局着
圆形的连编花片，
整体给人一种温柔的感觉。
使用两种颜色的段染线，
给人与众不同的感觉。

设计：岸 睦子
使用线：Ski Meilong
编织方法：p.46

马甲

炎热的夏季，也想穿得美美的。
凉爽的镂空花样马甲来了。
从育克处的花朵花片开始，
向着下摆方向钩织。
轻便的款式让人觉得心情也很放松。

设计：原田千惠子
使用线：Ski Belle Soie
编织方法：p.49

套头衫

边缘钩织布鲁日蕾丝花边，
然后换用棒针编织。
这款毛衫可以让人感受到
手编特有的乐趣。
颜色也很有春夏风情。

设计：小野琇未
制作：森山妙子
使用线：Ski Meilong
编织方法：p.40

06

迷你围巾

在迷你围巾的点缀下，
面部表情看起来更加柔和。
花朵花片是主角，
非常有女人味。

设计：小野琇未
制作：森山妙子
使用线：Ski Meilong
编织方法：p.42

07

回味无穷的棒针编织

接下来介绍自然风情的
色调和编织花样，
充满和谐感。

开衫

使用清爽的双色带子纱，
编织拉针。
随意地披上，
就是一件有品位的夏季毛衫。

设计：那和智子
使用线：Ski Quartz
编织方法：p.54

08

套头衫

这是一款
充满自然风情的
叶子花样的套头衫。
整体结构很简单，
编织起来很顺手。

设计：冈 真理子
制作：水野 顺
使用线：Ski Harugasumi
编织方法：p.59

10

套头衫

充满怀旧风情的短喇叭袖套头衫，
使用明媚、清爽的灰粉色线编织。
风车花样带着恰到好处的镂空感，
给人优美的印象。

设计：武田敦子
制作：荒川直子
使用线：Ski Linen Silk
编织方法：p.56

11

开衫

用有光泽、有弹性的藏青色线，
快速编织镂空花样。
亚麻丝线的自然风情，
炎热的夏天也可以很时尚。

设计：河合真弓
制作：栗原由美
使用线：Ski Linen Silk
编织方法：p.62

12

套头衫

用令人眼前一亮的绿色线，
编织树叶花样的圆育克套头衫，
非常有夏日风情。
亚麻混纺的棉线，也很环保。

设计：岸 睦子
制作：志村真子
使用线：Ski Cotton Linen ~夏衣~
编织方法：p.64

套头衫

使用优质平直棉线编织
优美花样的套头衫。
虽然款式简单，
但使用了应季的颜色，
给人眼前一亮的感觉。

设计：田村加奈惠
使用线：Ski Supima Cotton
编织方法：p.72

13

套头衫

使用带着微妙感觉的混合线，
横向编织两种宽幅的镂空花样。
真丝和棉的自然质感，
让它穿着很舒服。

设计：镰田惠美子
制作：小林知子
使用线：Ski Harugasumi
编织方法：p.74

14

围巾

用锁链状捻合的丝线，
认真编织树叶花样。
手感柔滑，
两端编织成扇状，
具有稳重感。

设计：田村加奈惠
使用线：Ski Belle Soie
编织方法：p.48

15

清凉的蕾丝开衫

这是从春穿到夏的必备款。
下面我们将介绍几款
镂空度适中的蕾丝花样开衫。

16

开衫

长开衫可以让日常装束
显得更有魅力。
使用含有金银丝线的段染线，
钩织简单、优美的花样。

设计：冈 真理子
制作：大西二叶
使用线：Ski Vega
编织方法：p.67

开衫

长度适中的开衫，
穿着百搭。
用色彩有趣的毛线，
钩织富有立体感的编织花样。
边缘使用含有金银丝线的线材钩织，
好像泛起粼粼波光。

设计：原田千惠子
使用线：Ski Harugasumi、Ski Elise
编织方法：p.76

17

开衫

使用真丝线材，
上下分别钩织颇有人气的
菠萝花花样和曲线花样，
整体看起来很雅致。
宽松的款式，
很适合织成短款。

设计：武田敦子
制作：饭塚静代
使用线：Ski Belle Soie
编织方法：p.80

18

19

开衫

方眼编织的大花朵花样
排列在一起，
带着怀旧风情。
后背上也精心设计了
可爱的花朵花样。

设计：Fukiko
使用线：Ski Belle Soie
编织方法：p.84

马甲

使用棉麻混纺的强捻棉线，
钩织细密的菠萝花马甲，
夏季穿着很时尚。
领尖精心设计了一粒扣子。

设计：矢野康子
制作：长谷川千代子
使用线：Ski Cotton Linen ～夏衣～
编织方法：p.90

20

易于编织的吸睛佳作

这里介绍的几个作品，
没有特殊的编织技巧，
可以单纯地享受钩编的乐趣。
当然，设计上也颇有妙处。

21

套头衫

将两种纤细的基础花样
呈条纹状搭配，
编织简单、有品位的套头衫。
使用含有金银丝线的带子纱钩织，
在夏日的阳光下闪闪发亮。

设计：镰田惠美子
制作：饭塚静代
使用线：Ski Quartz
编织方法：p.94

马甲

将方眼编织部分和小巧的菠萝花花样
编织成条状，
再和方眼编织部分组合在一起，
简单而优美。
法国亚麻线手感清爽，
穿着也很舒服。

设计：Sachiyo＊Fukao
制作：＊美羽＊
使用线：Ski Linen Silk
编织方法：p.96

22

马甲

这是一款使用两种颜色的
夏日棉线编织的马甲。
宽松的直线款式，
穿着很清爽。
边缘编织的狗牙针，
平添几分可爱。

设计：河合真弓
制作：关谷幸子
使用线：Ski Supima Cotton
编织方法：p.98

23

24

贝雷帽

夏天的休闲风格服饰
总是觉得缺了点什么。
搭配一顶贝雷帽怎么样？
使用彩色线钩织枣形针花样，
给人的感觉很不错。

设计：星野真美
使用线：Ski Harugasumi
编织方法：p.89

手提包

造型非常可爱。
织片编织得很紧密，
撞色编织的细绳也很吸引眼球，
出门时背着很棒。

设计：星野真美
使用线：Ski Supima Cotton
编织方法：p.52

a

25

b

26

手提包

这是一款很环保的网眼花样手提包，
会随着里面装的东西而改变形状。
也可以折叠起来系上带子，
当作小巧的化妆包使用。

设计：矢野康子
使用线：Ski Leaf
编织方法：p.99

1 2 3 4 5 6 7 8 9 10 11

使用线材一览

线材名称	成分	粗细	色数	规格	线长	使用针号	标准下针编织密度	线材的特点
1 Ski Belle Soie	真丝100%	中细	12	20g/团	约106m	2~3号 2/0~4/0号	30~32针 40~42行	施以特殊工艺，着色效果优秀，编织出来的衣物不容易起球。含有100%真丝材质的带子纱，全年适用。
2 Ski Harugasumi	棉46% 真丝54%	中细	8	30g/团	约121m	3~5号 4/0~5/0号	26~29针 35~37行	这款线的光泽比较内敛，由天然的丝线和彩色棉质竹节纱线捻成，带着一种微妙的感觉，是颇具匠心的一款线，带着日本风情。
3 Ski Meilong	人造丝66% 棉16% 锦纶13% 涤纶5%	粗	9	30g/团	约100m	4~6号 4/0~6/0号	24~26针 31~34行	在富有光泽的人造丝材质的段染线中加入金银丝线，增强了当下流行的光亮感。线材带着适中的蓬松度，再加上丰富的色彩变化，看起来非常华丽。
4 Ski Quartz	涤纶69% 人造丝31%	粗	11	30g/团	约120m	3~5号 4/0~5/0号	24~27针 29~34行	这是一款非常适合春夏季节的线材，里面的金银丝线一闪一闪的，而且很轻柔。带子纱粗细适中，很容易编织，适合追求凉爽的夏季。
5 Ski Supima Cotton	棉(进口长绒棉)100%	粗	25	30g/团	约98m	3~5号 3/0~5/0号	23~26针 30~33行	使用了最优质的进口长绒棉，带着像真丝一般的光泽。一共有25种颜色，无论是毛衣，还是小物，都可以编织。
6 Ski Cotton Linen ~夏衣~	棉70% 亚麻30%	中细	13	30g/团	约116m	3~4号 3/0~4/0号	26~28针 33~35行	这款棉线含有亚麻材质，色彩丰富，带着自然的光泽。它是一款非常适合钩针编织的强捻平直毛线。
7 Ski Sofia	棉83%　人造丝10% 锦纶7%	中细	10	30g/团	约127m	3/0~4/0号	21~24针 31~33行 (短针)	用富有光泽的线材包住带状棉线，这种线很适合钩针编织。自然的光泽给人清凉、时尚的感觉。
8 Ski Linen Silk	亚麻(法国亚麻)70% 真丝30%	中细	13	25g/团	约99m	3~5号 3/0~5/0号	23~26针 26~30行	使用了以生产优质亚麻闻名的法国生产的亚麻，混入真丝，纺成这款带着光泽和弹性的线材。
9 Ski Vega	腈纶54% 人造丝46%	粗	10	25g/团	约104m	4~6号 3/0~5/0号	24~25针 30~33行	这是一款颇具匠心的线材，编着编着就会呈现出条纹。使用的针不同，或者编织的花样不同，颜色的呈现方法也会不一样，编织出来的作品原创感十足。
10 Ski Leaf	腈纶59% 其他纤维(和纸)24% 涤纶17%	中细	6	25g/团	约116m	3~4号 3/0~4/0号	23~24针 36~37行	这种多股线混捻的毛线，含有和纸成分，带着恰到好处的弹性。时尚的混合色，轻柔无比，适合编织各种夏季的东西。
11 Ski Elise	聚酯纤维83% 锦纶17%	中细	6	25g/团	约147m	3~5号 2/0~4/0号	27~29针 37~39行	这是一款含有金银丝线的带子纱，上面闪烁着光芒，看起来很华丽。一年四季都可以用作配色。

● 线的粗细仅作为参考，标准下针编织密度是制造商给的数据。

※ 图片为实物粗细

作品编织方法

02

p.4

●**材料** Ski Cotton Linen ~夏衣~（中细）紫红色（1057）250g/9团

●**工具** 钩针5/0号、4/0号

●**成品尺寸** 胸围105cm，衣长50cm，连肩袖长32cm

●**花片大小** 10.5cm×9cm

●**编织要点** 前后身片连在一起钩织花片A。花片从第2片开始将钩针插入相邻花片长针的头部，连接在一起钩织。袖下每行都要一边改变编织方向，一边钩织花片B。下摆、衣领、袖口环形钩织边缘，花片的锁针部分要整段挑起，钩织短针。

前后身片（连接花片）5/0号针

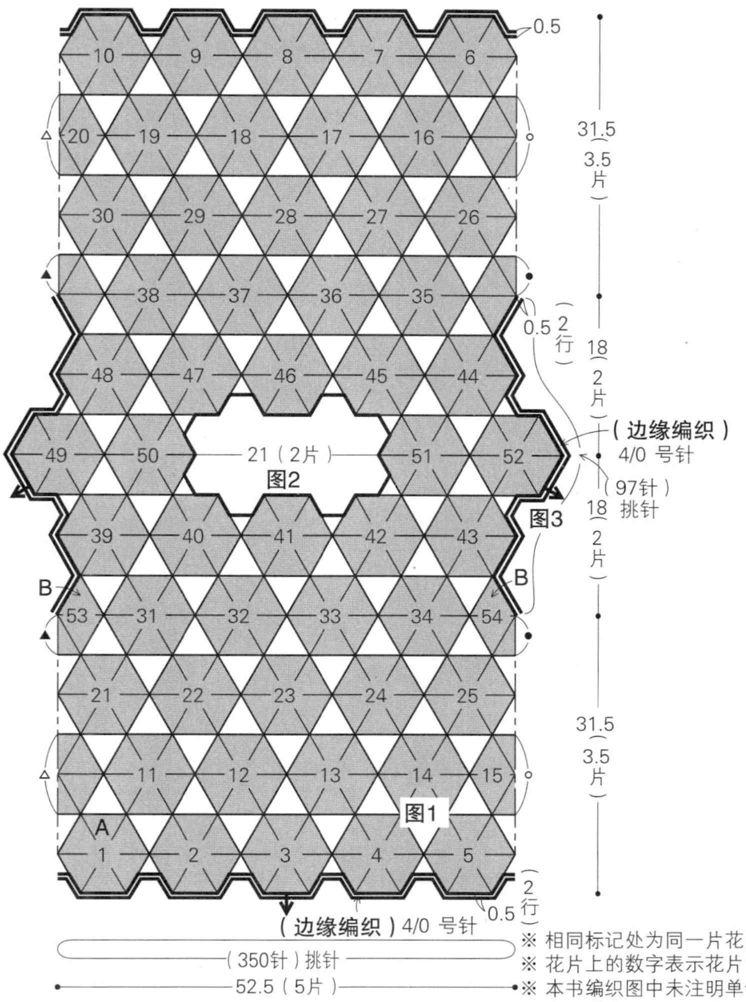

※ 相同标记处为同一片花片
※ 花片上的数字表示花片的钩织顺序
※ 本书编织图中未注明单位的表示长度的数字均以厘米（cm）为单位

花片A 52片

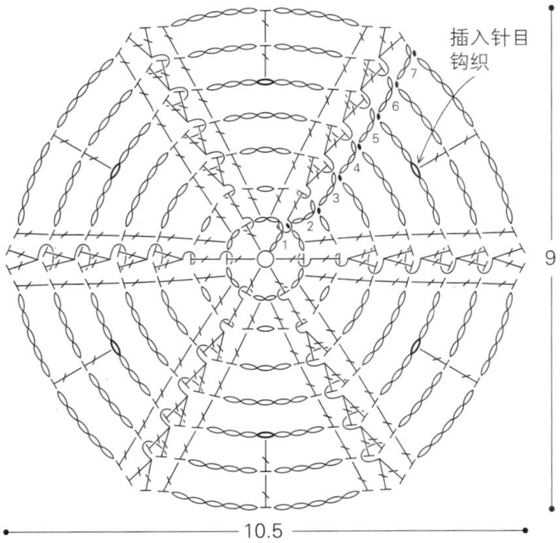

花片B 2片

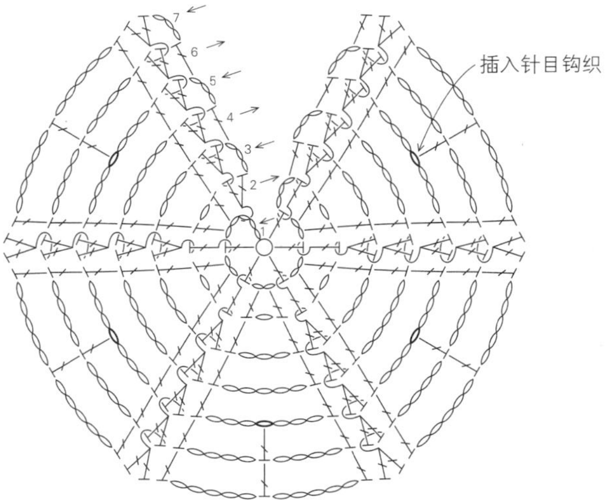

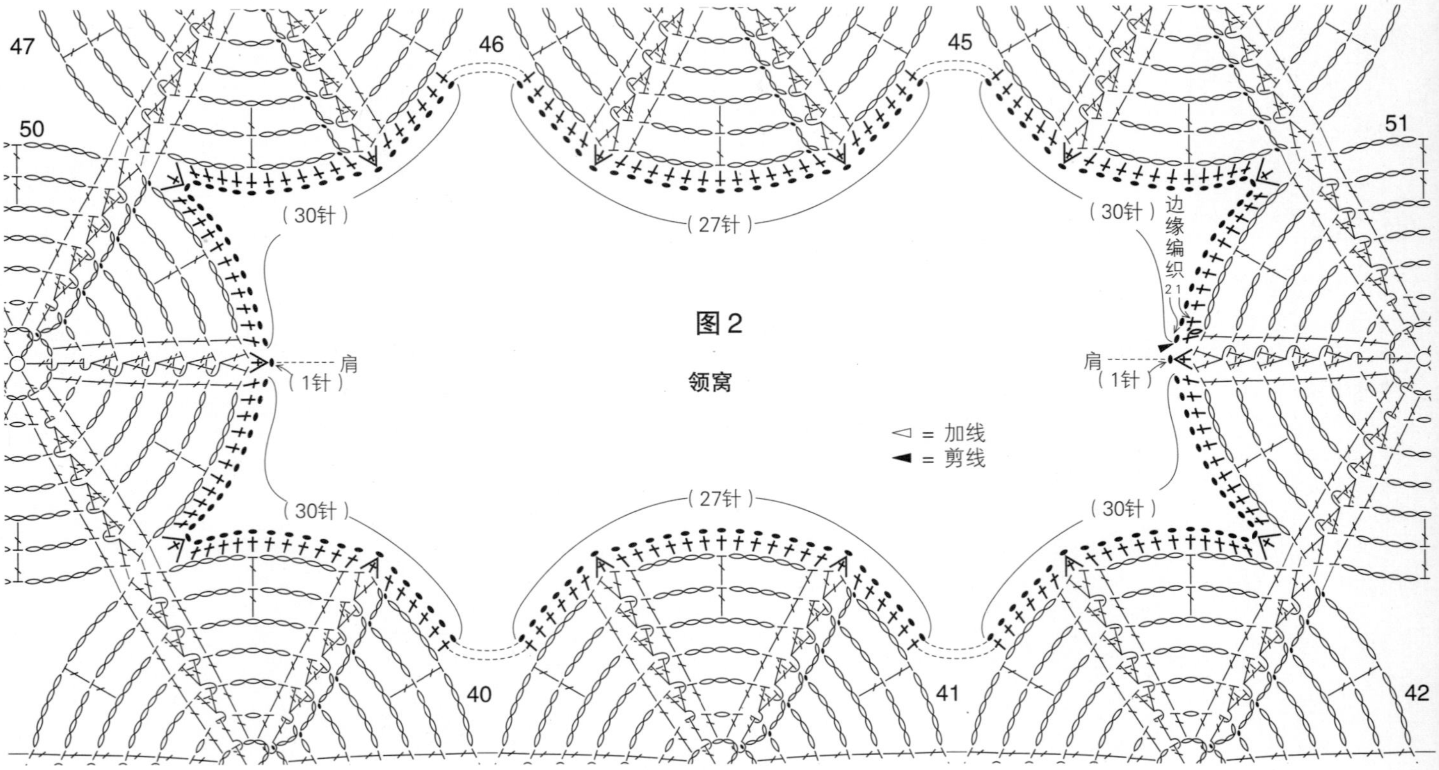

47
46
45
50
51
(30针)
(27针)
(30针)
边缘编织
2 1
图2
领窝
肩
(1针)
肩
(1针)
◁ = 加线
◀ = 剪线
(30针)
(27针)
(30针)
40
41
42

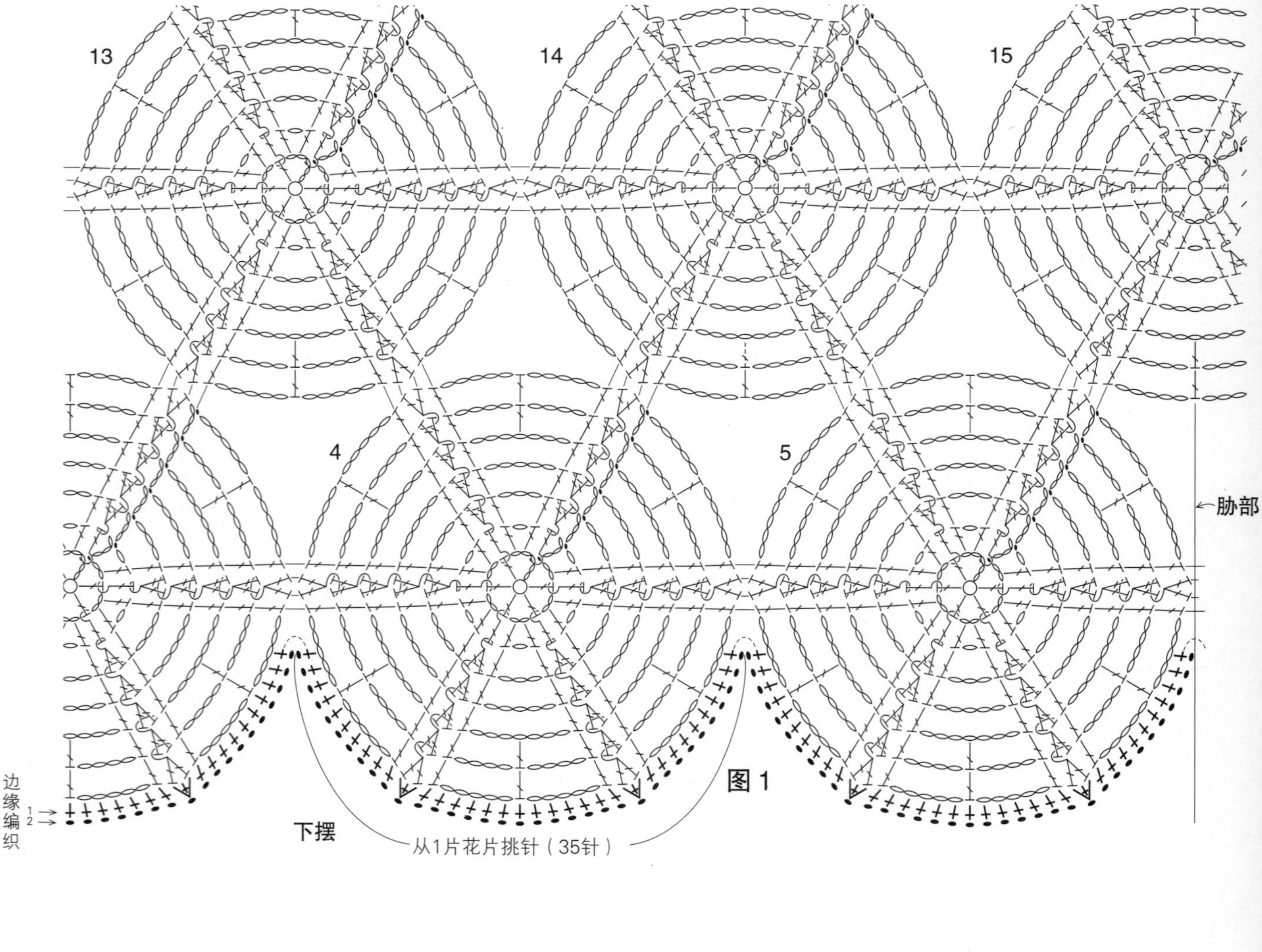

13
14
15
4
5
胁部
边缘编织
1
2
图1
下摆
从1片花片挑针(35针)

衣领（边缘编织）4/0 号针

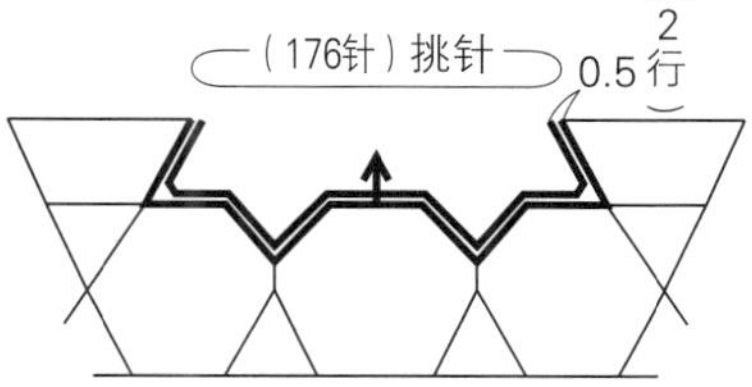

边缘编织

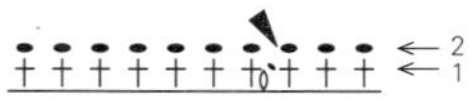

※ 整段挑起花片的锁针

花片的连接方法

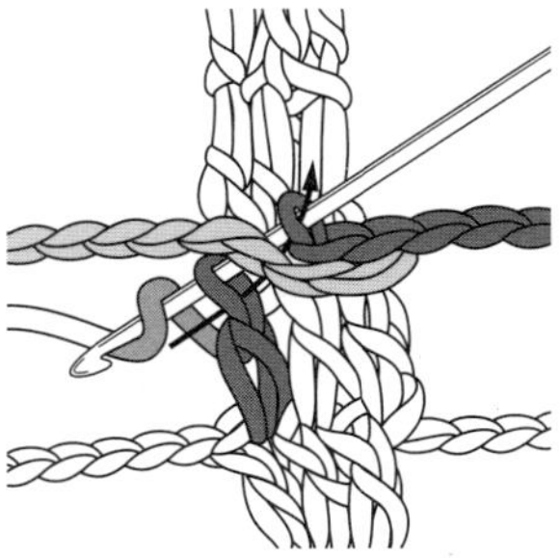

将钩针插入需要连接的花片的长针头部，挂线并挑起前面的针目，钩织长针。

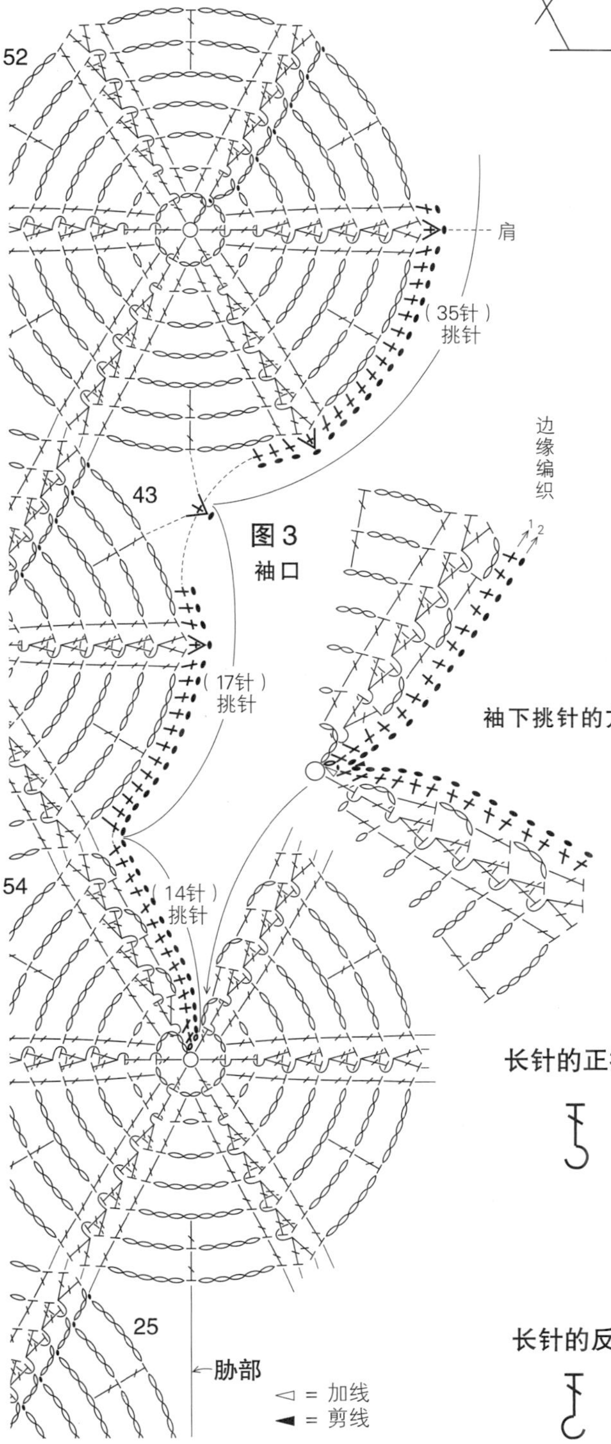

图 3
袖口

（17针）挑针

（14针）挑针

袖下挑针的方法

长针的正拉针

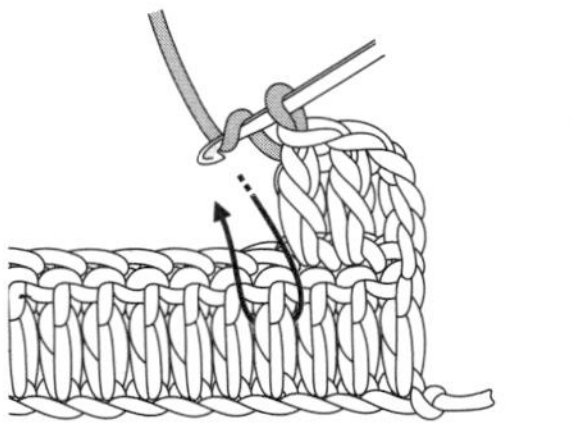

挂线，从前侧将钩针插入前1行的长针的根部，全部挑起来。挂线并拉出较长的线。

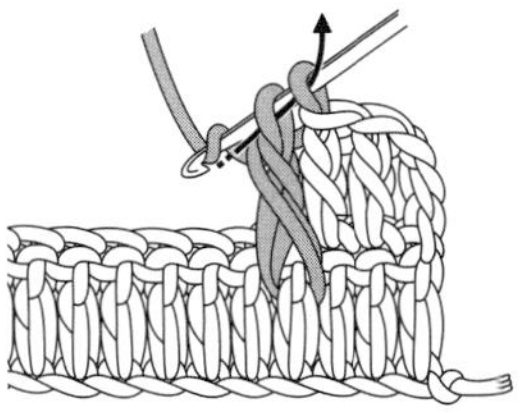

钩织长针。

长针的反拉针

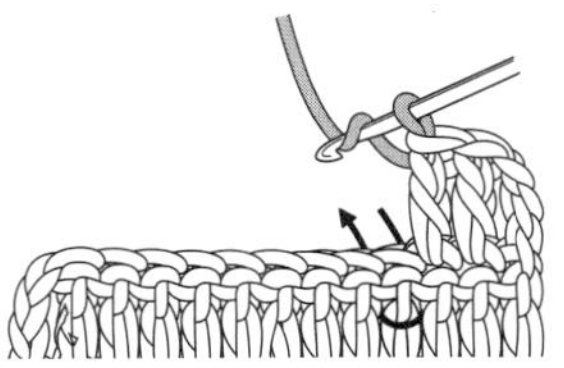

挂线，从后侧将钩针插入前1行的长针的根部，全部挑起来。挂线并拉出较长的线。

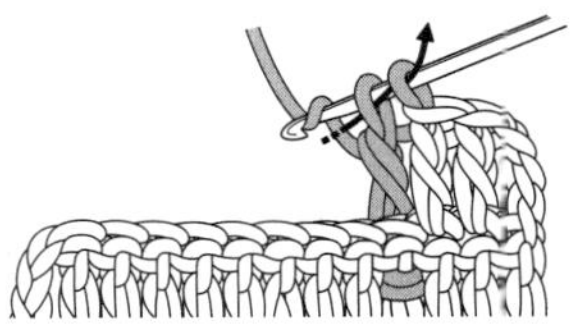

钩织长针。

01

p.3

●**材料** Ski Sofia（中细）象牙白色（215）230g/8团，Ski Vega（粗）酒红色系（1117）100g/4团

●**工具** 钩针4/0号、5/0号

●**成品尺寸** 胸围100cm，衣长55cm，连肩袖长51.5cm

●**花片大小** 10cm×10cm

●**编织要点** 花片A在最终行钩织引拔针和长针连接，前后身片、衣袖连在一起钩织。注意配色和使用针的变化。后领窝钩织花片B、B'，前领窝钩织花片C。从花片挑针，身片的胁部做编织花样A，袖下接着做编织花样B，在A和B的交界处减针。身片和衣袖分别对齐相同标记，连接在一起。下摆做编织花样C，袖口钩织边缘编织A，衣领钩织边缘编织B，环形编织。

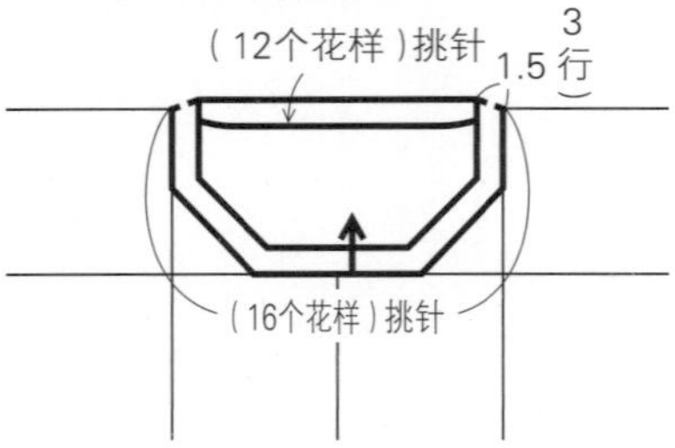

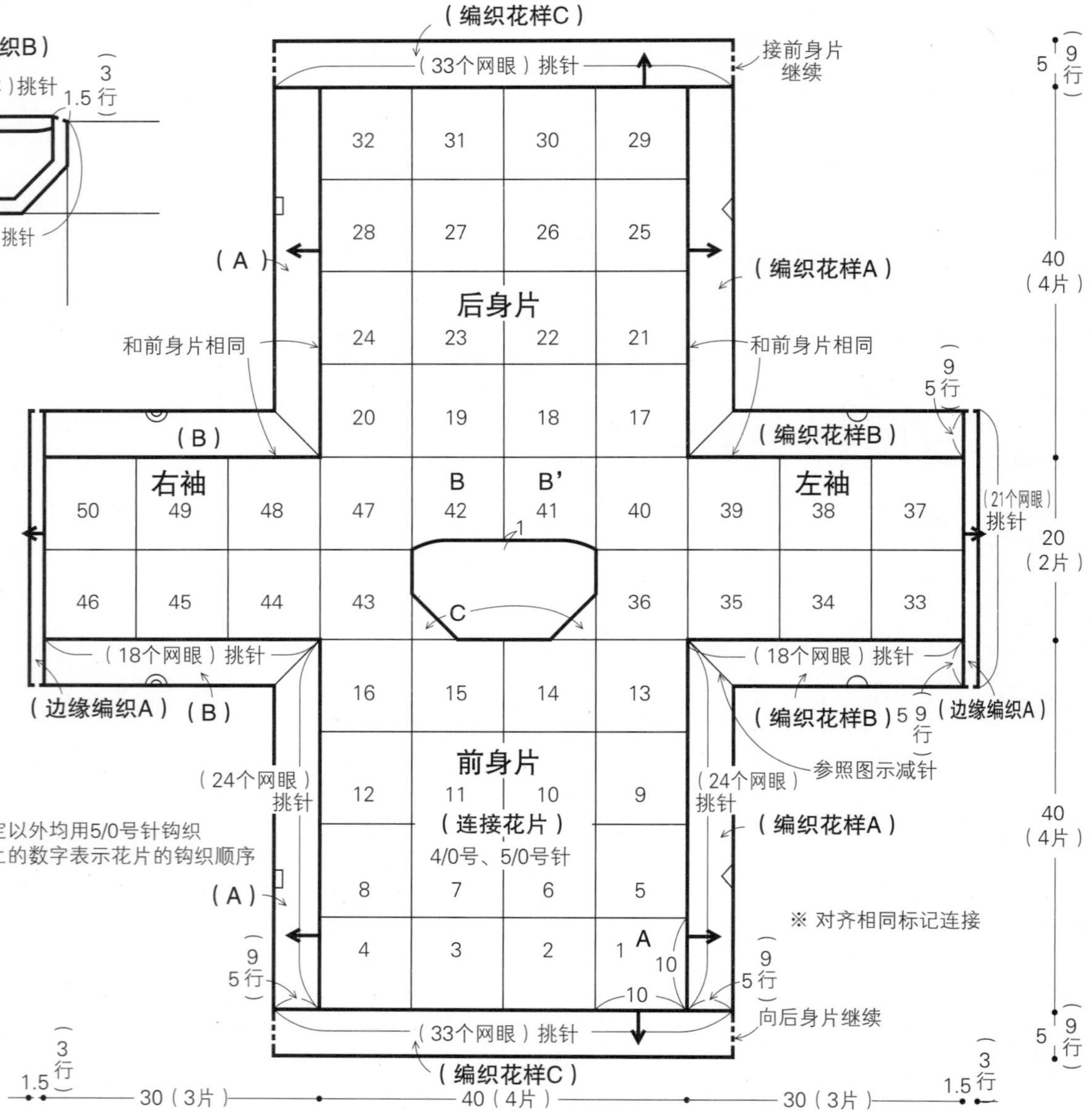

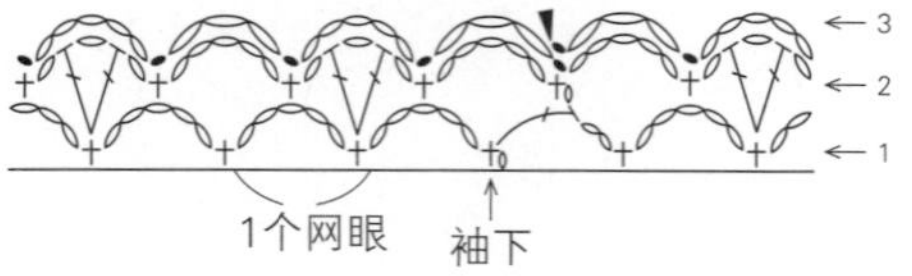

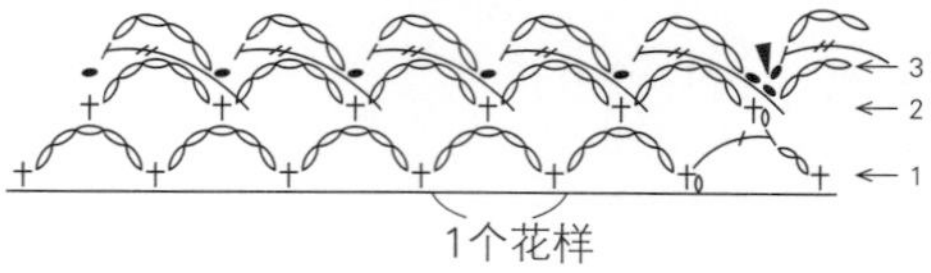

花片A　48片

花片B'　1片　　花片B　1片

花片C　2片

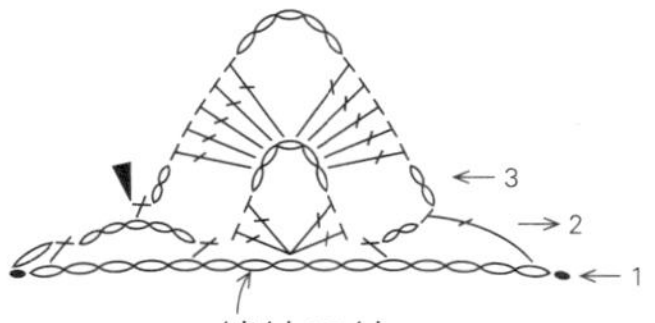

配色 { —— = 象牙白色 / ━━ = 酒红色系 }

使用针 { 4～6行 5/0号针 / 1～3行 4/0号针 }

◁ = 加线

◀ = 剪线

编织花样A（胁部）

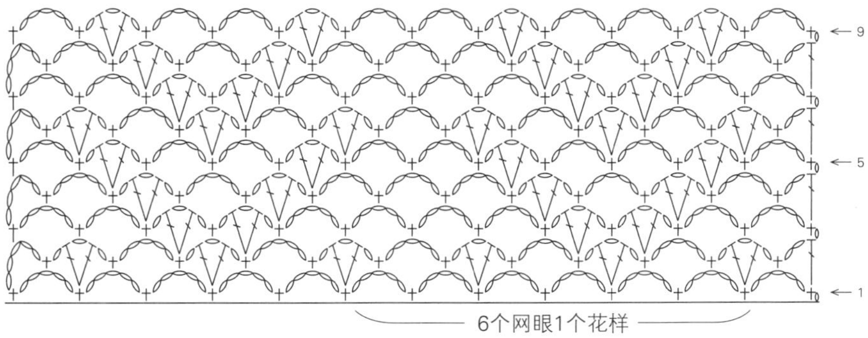

编织花样B（袖下）

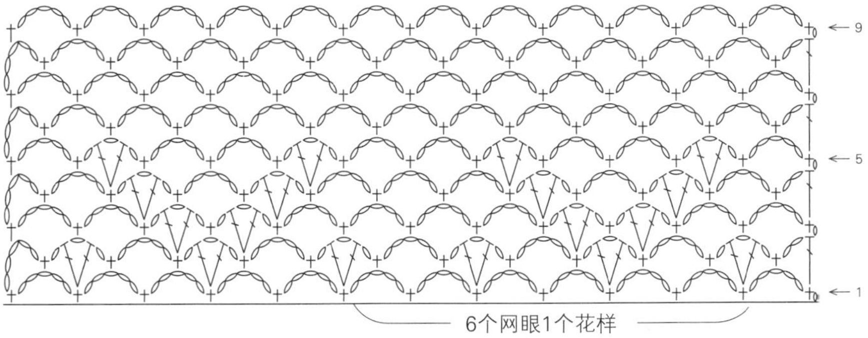

编织花样C（下摆）

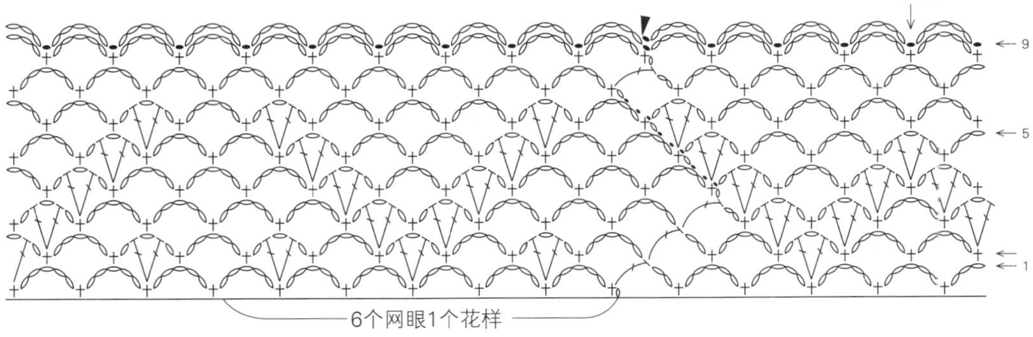

用长针连接花片

①

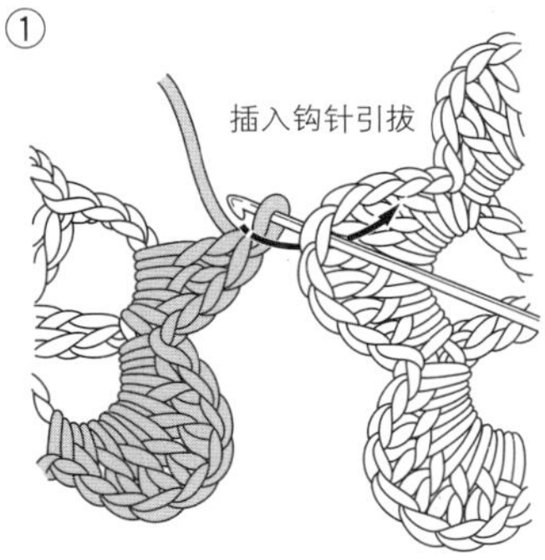

编织到连接位置时，将钩针暂时取下，插入需要连接的花片，将取下的针目拉出。

②

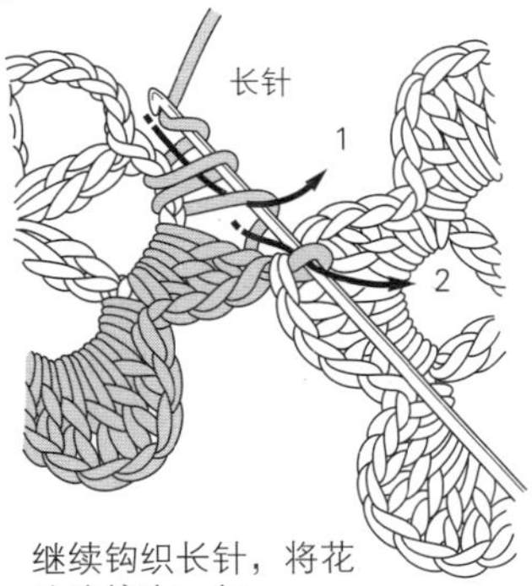

继续钩织长针，将花片连接在一起。

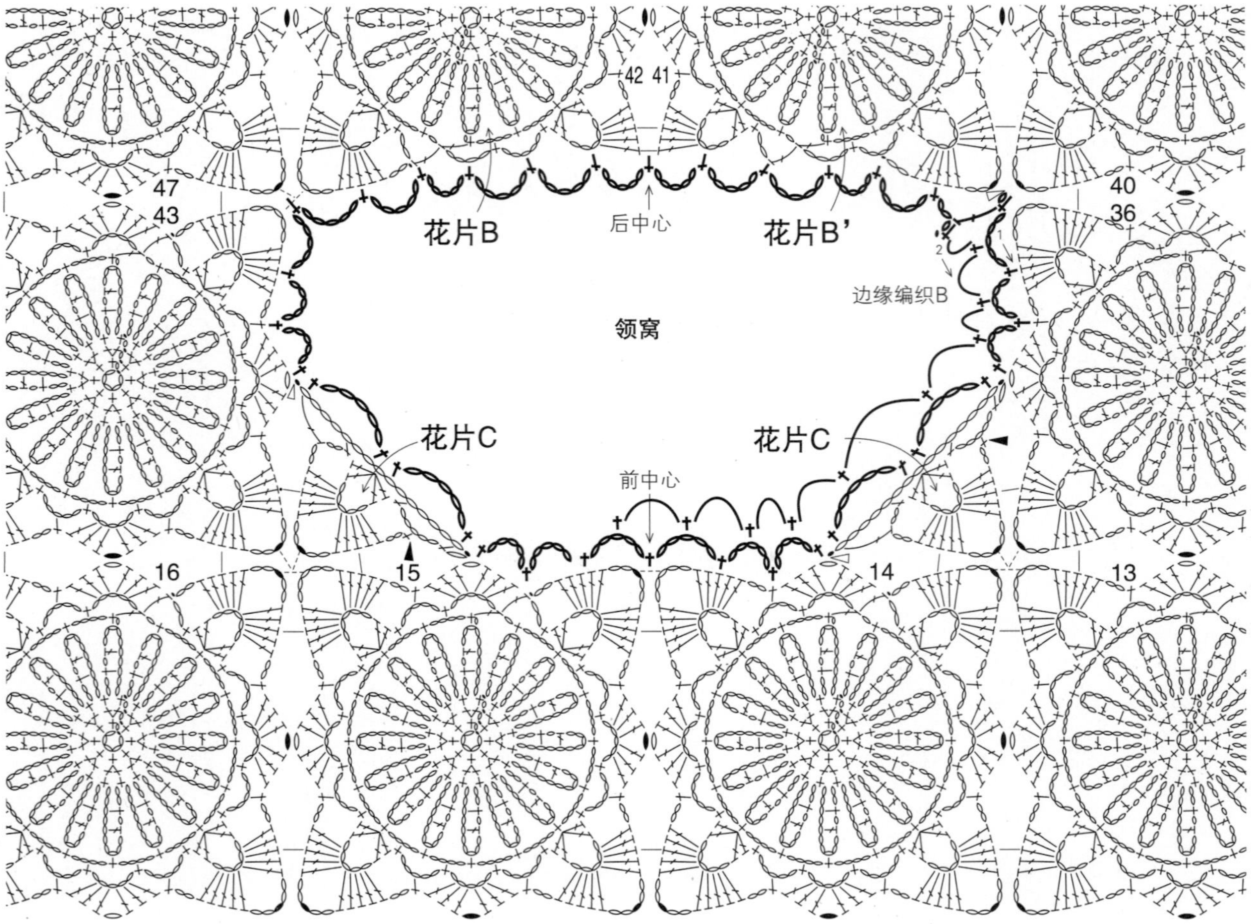
42 41
47
43
花片B
后中心
花片B'
40
36
边缘编织B
领窝
花片C
前中心
花片C
16
15
14
13

编织花样A
8
4
7
3
1
5
编织花样C
9
胁部
前中心

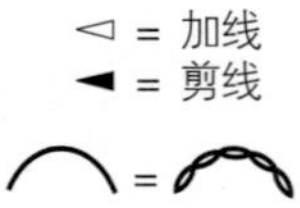
= 加线
= 剪线
=

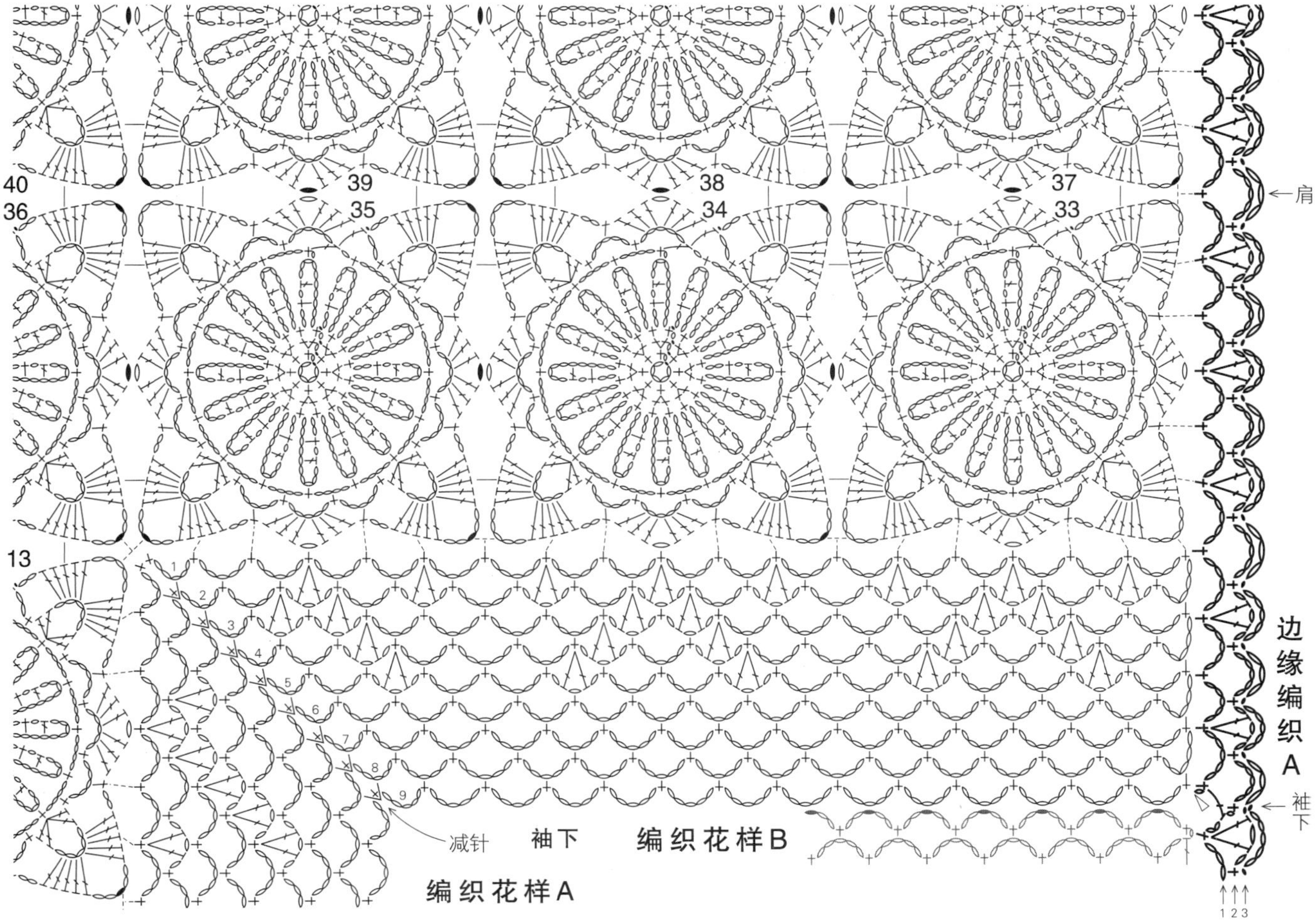
40
36
39
35
38
34
37
33
13
1
2
3
4
5
6
7
8
9
肩
边缘编织A
袖下
1 2 3
减针
袖下
编织花样B
编织花样A

6
2
5
1
编织花样A
1
2
3
4
5
6
7
8
9
前中心
肋部

06

p.8

●材料 Ski Meilong（粗）金绿色（1529）260g/9 团

●工具 钩针 5/0 号、4/0 号，棒针 5 号、4 号

●成品尺寸 胸围 104cm，衣长 56cm，连肩袖长 49.5cm

●编织密度 10cm×10cm 面积内：编织花样 22 针，28 行

●花片大小 身片 7cm×7cm（5/0 号针） 衣袖 6.5cm×6.5cm（4/0 号针）

●编织要点 下摆编织 21 行布鲁日蕾丝，从第 22 行开始，为了让 22 ~ 42 行成为下一个半圆，一边和相邻的布鲁日蕾丝引拔连接，一边钩织。按照相同方法钩织 5 个并排的半圆。花片第 3 行在布鲁日蕾丝上引拔连接。在 5 个半圆中钩织花片，然后钩织长针准备和身片连接。换用棒针，从长针的头部挑针，身片按照编织花样编织。按照相同的方法，用 4/0 号针钩织衣袖的布鲁日蕾丝和花片。肩部做盖针接合，衣袖和身片做对齐针与行缝合。胁部和袖下使用毛线缝针做挑针缝合。衣领环形编织起伏针，最后引拔收针。

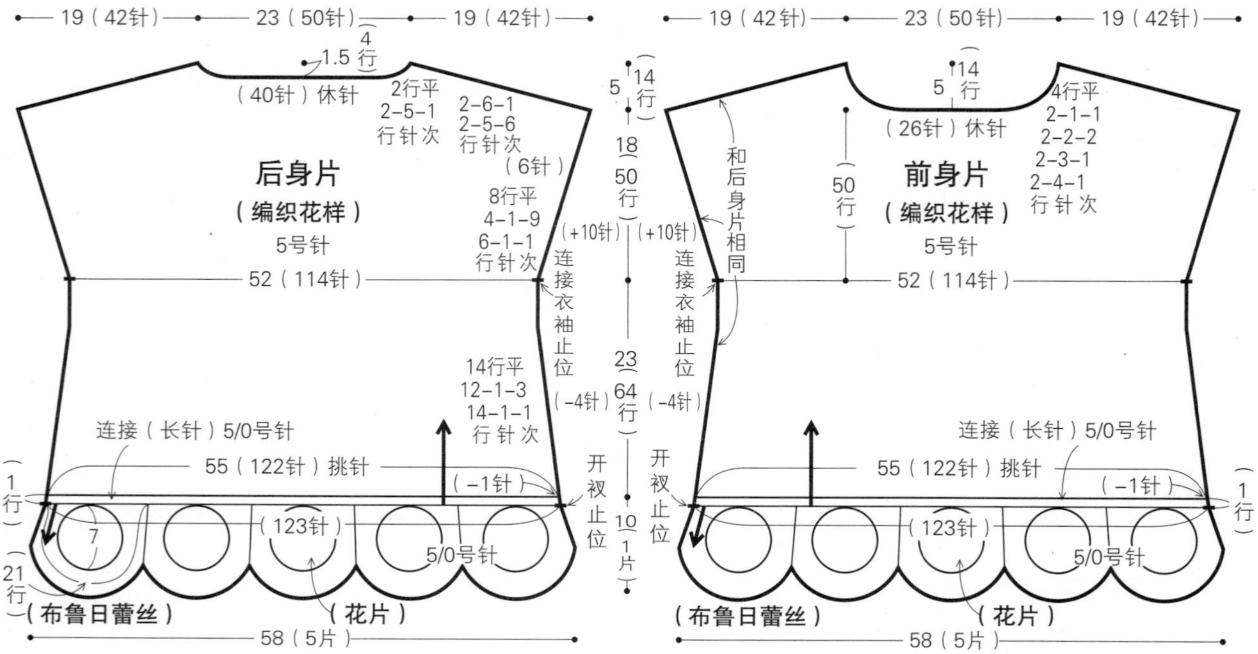

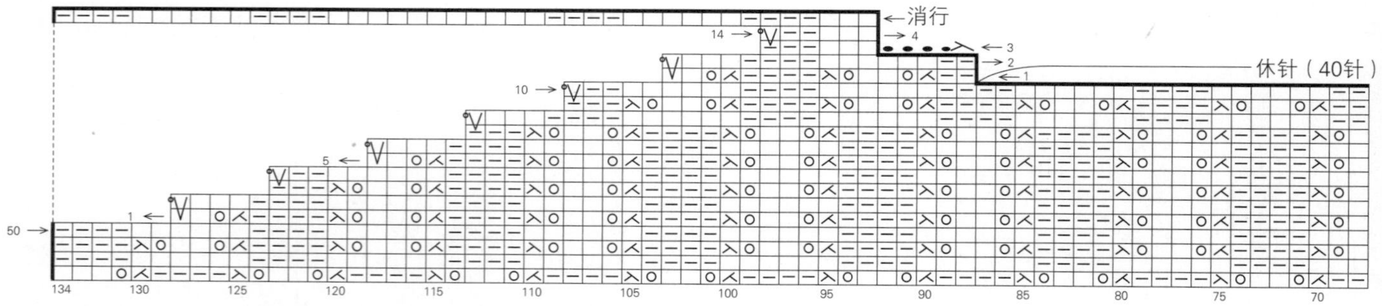

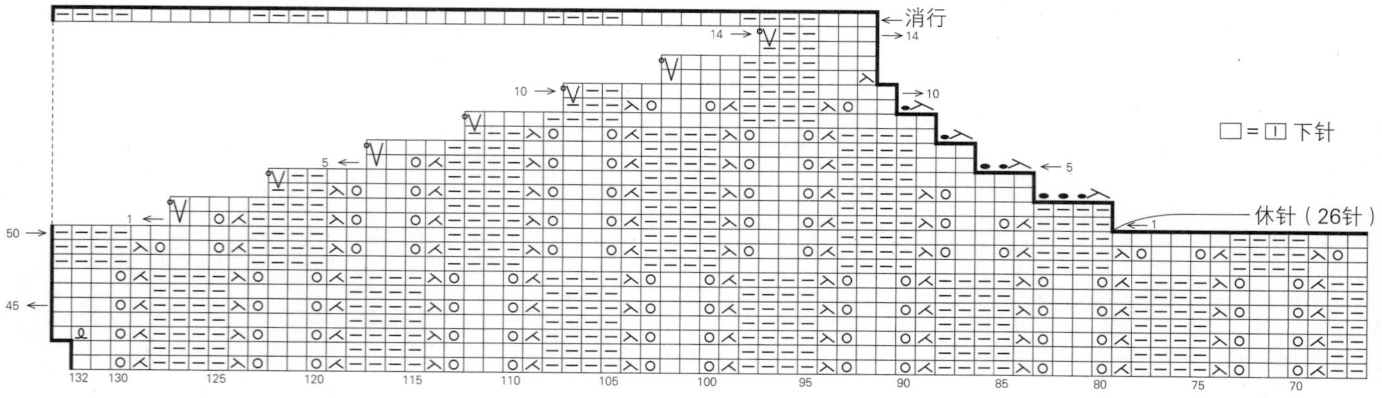

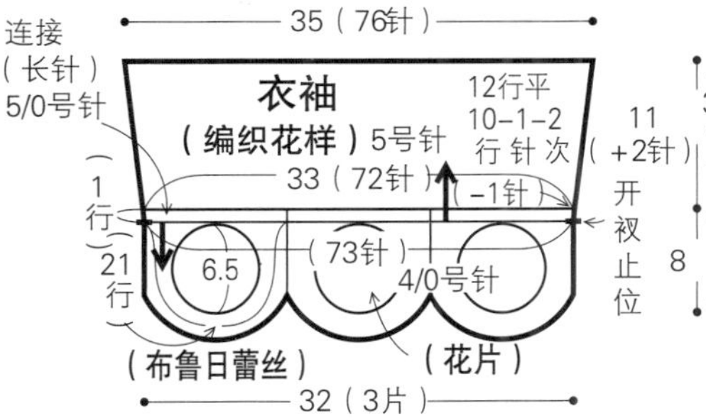

衣领（起伏针）4号针

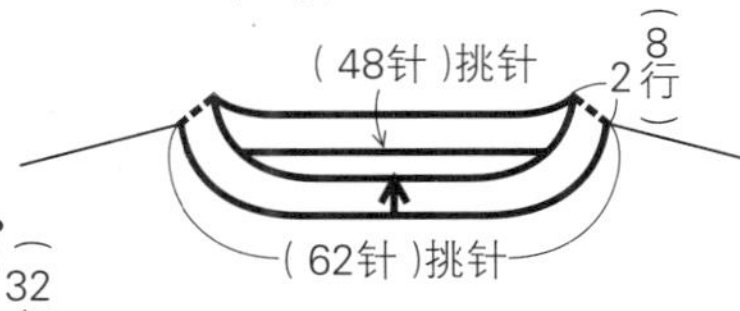

起伏针（衣领）

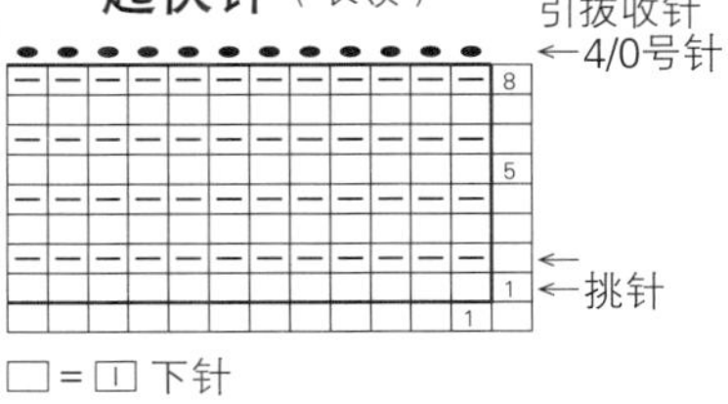

编织花样

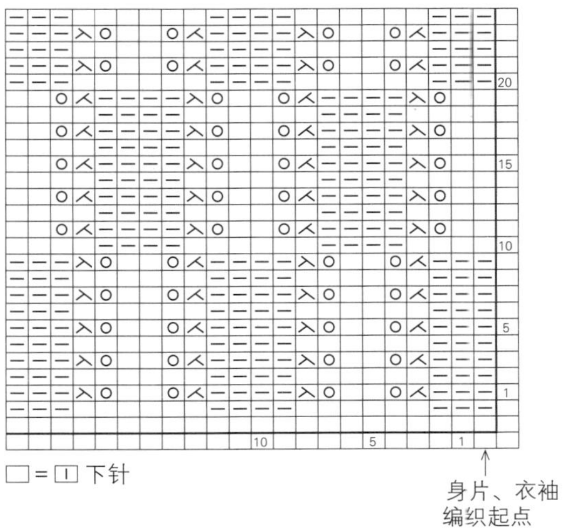

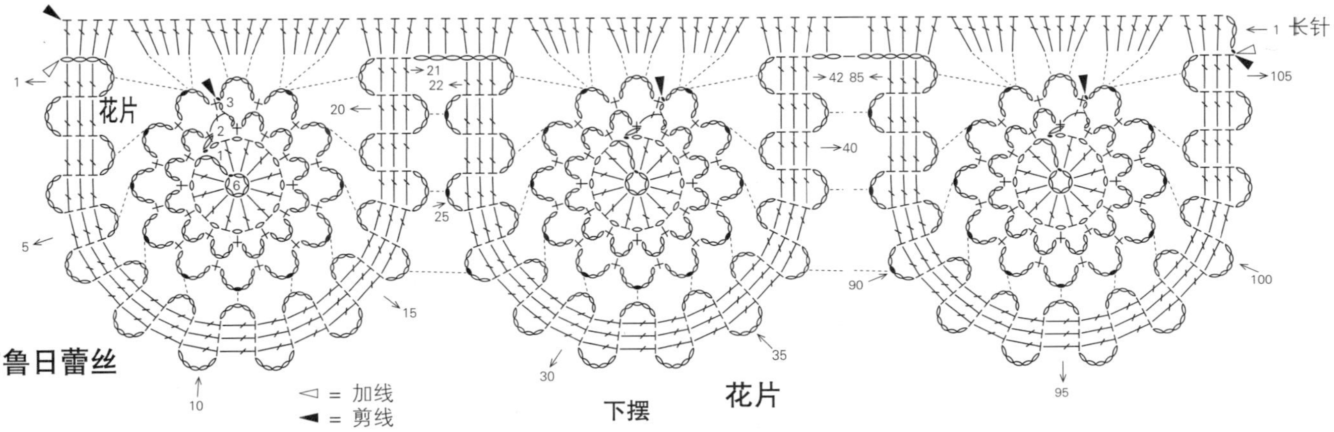

后领窝

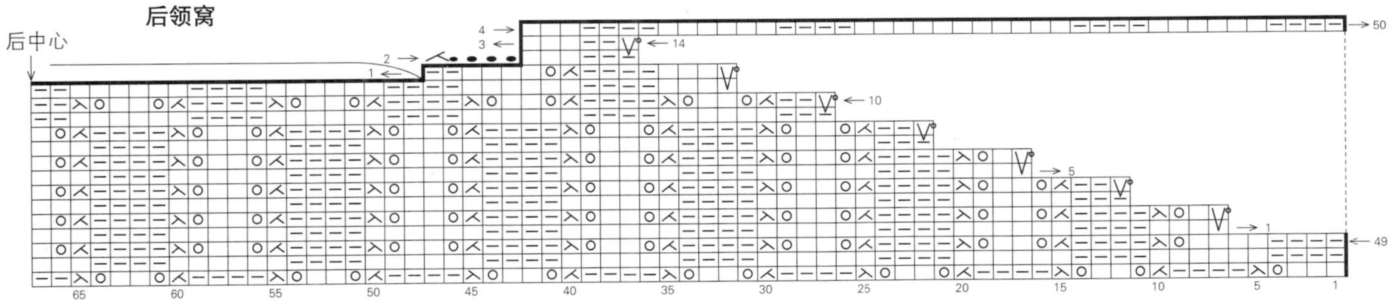

前领窝　编织花样

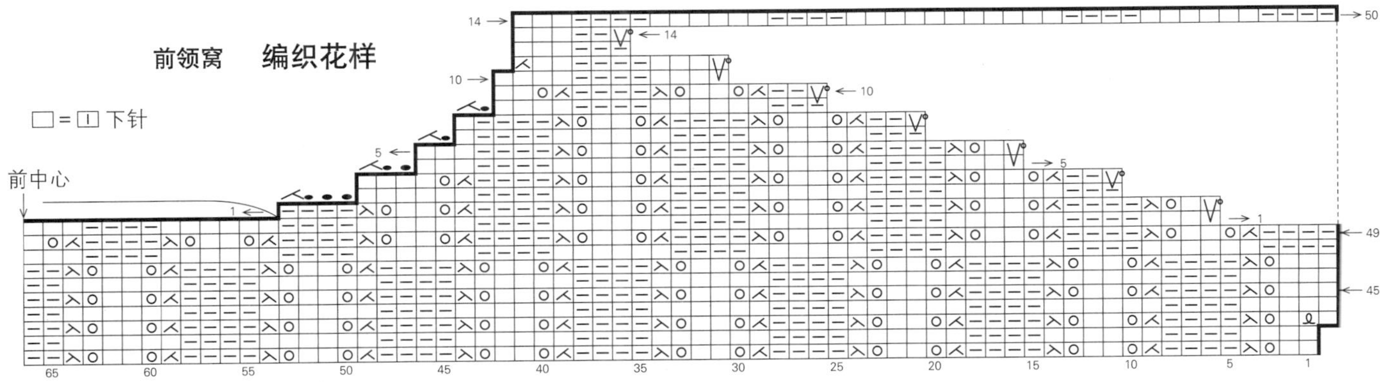

07

p.9

●**材料** Ski Meilong（粗）金绿色（1529）45g/2 团

●**工具** 钩针 4/0 号

●**成品尺寸** 长 101.5cm，宽 10.5cm

●**花片大小** 6.5cm×6.5cm

●**编织要点** 编织花片，从第 2 片开始一边钩织引拔针和相邻花片的 3 处连接，一边将 15 个花片笔直连成带状。周围一边钩织布鲁日蕾丝，一边和花片最后第 3 行的锁针圈连接。最后第 192 行留下 15cm 线头剪断线，和起针的锁针做卷针缝缝合。

迷你围巾

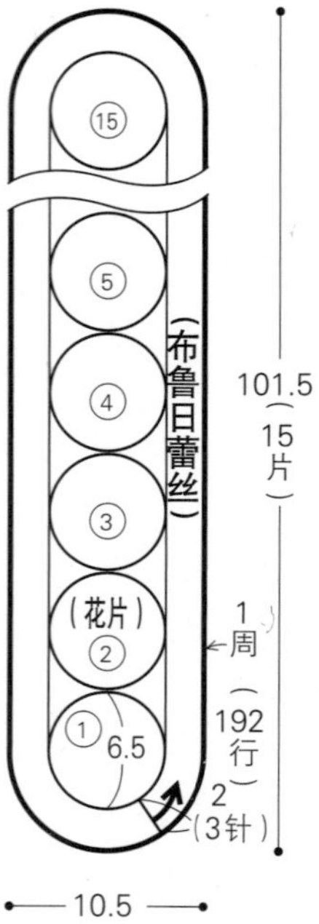

迷你围巾

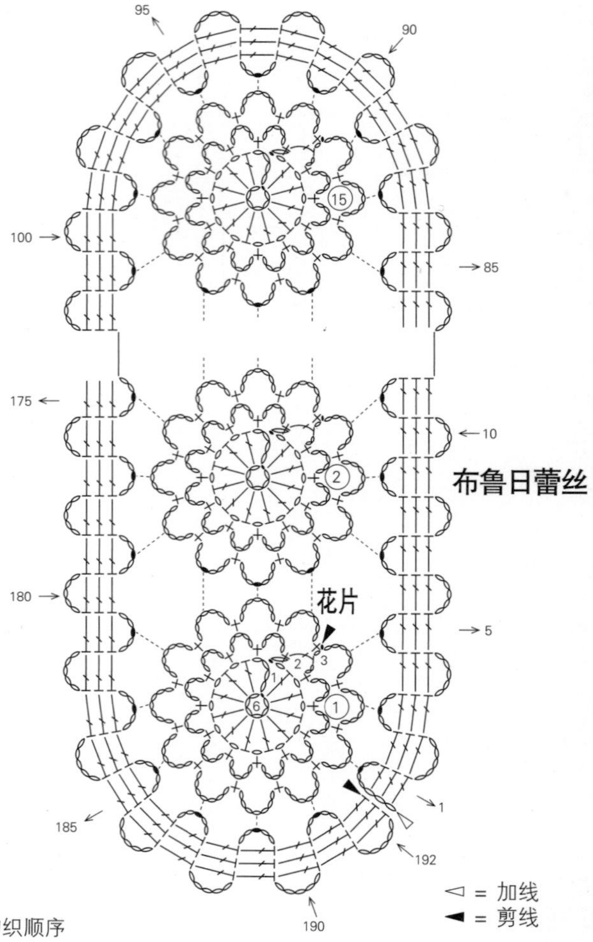

※ 全部使用4/0号针钩织

※ 带○的数字表示花片的钩织顺序

作品 04 **接 47 页**

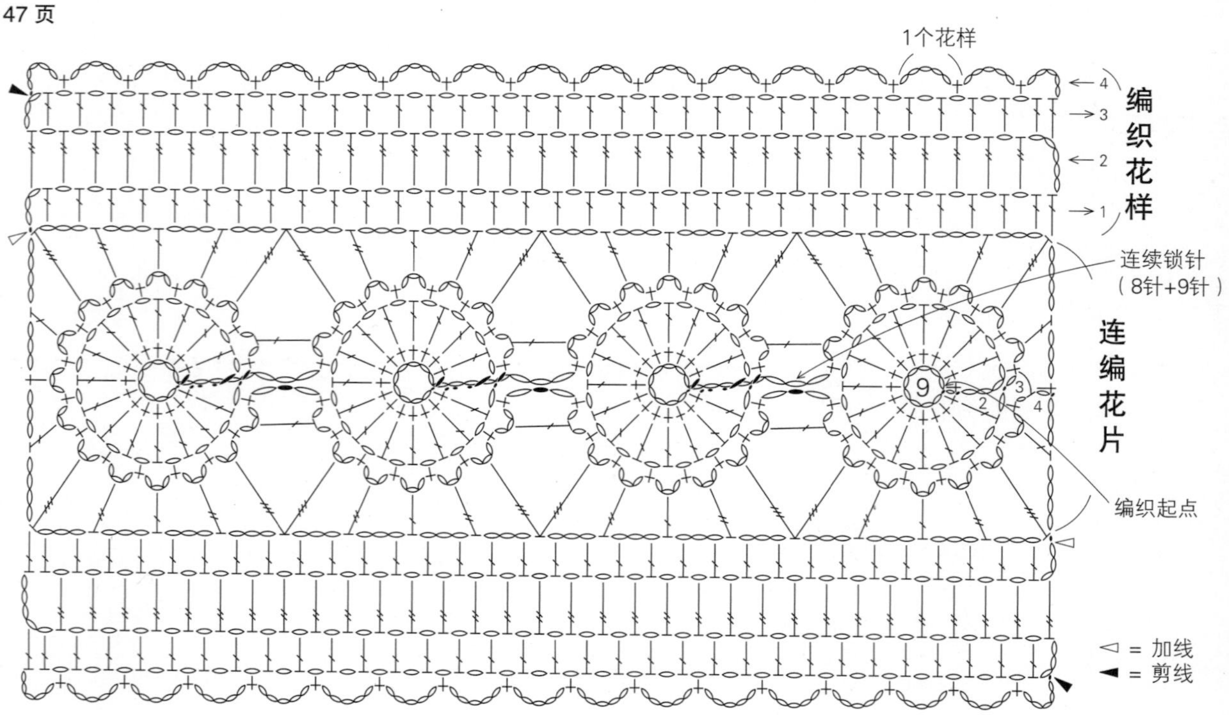

03

p.5

●**材料** Ski Sofia（中细）酒红色（217）490g/17团
●**工具** 钩针4/0号
●**成品尺寸** 横向101cm，纵向100cm
●**编织密度** 编织花样10cm 30针，1个花样4.3cm
●**花片大小** 8cm×8cm
●**编织要点** 花片一边钩织短针连接，一边钩织24片。花片的领口边不做连接。连接花片的周围钩织短针和锁针（整理行）。从连接花片的长边挑针，第1行钩织短针，然后按编织花样编织。主体编好后，侧边按边缘编织A钩织，下摆按边缘编织B钩织。衣领按边缘编织C做环形钩织。

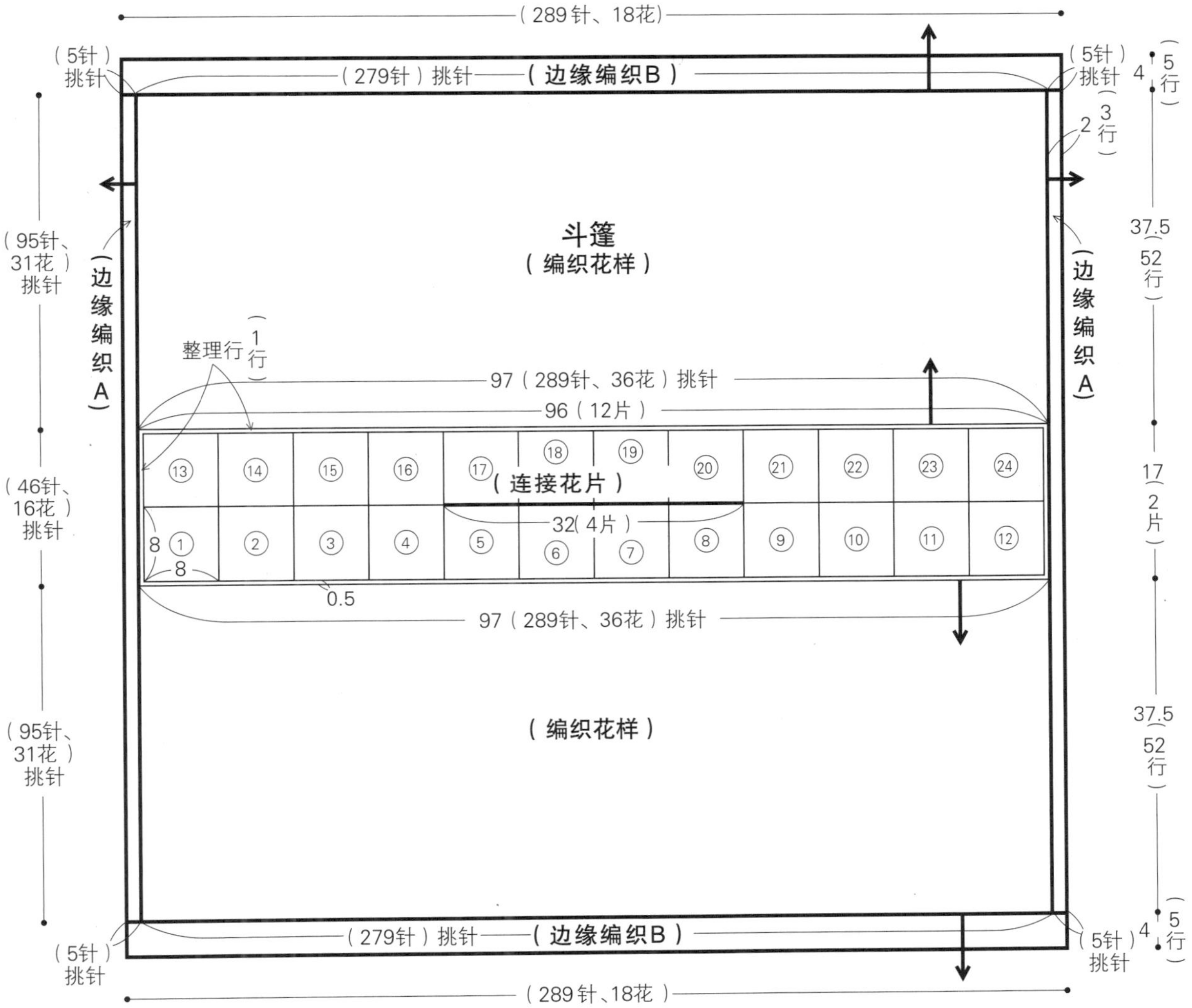

※ 花 = 个花样
※ 全部使用4/0号针钩织
※ 带○的数字表示花片的钩织顺序

衣领（边缘编织C）

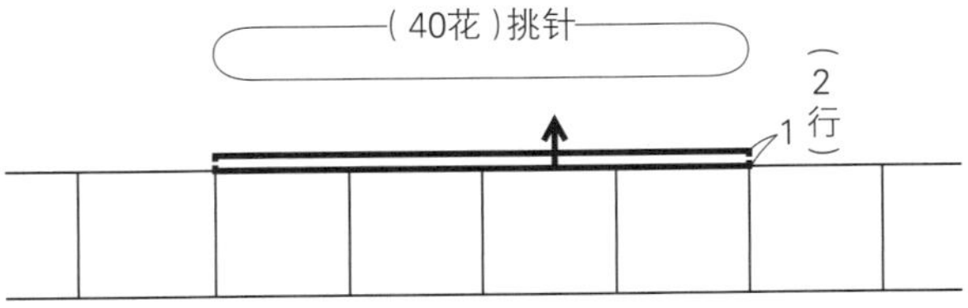

边缘编织C（衣领）

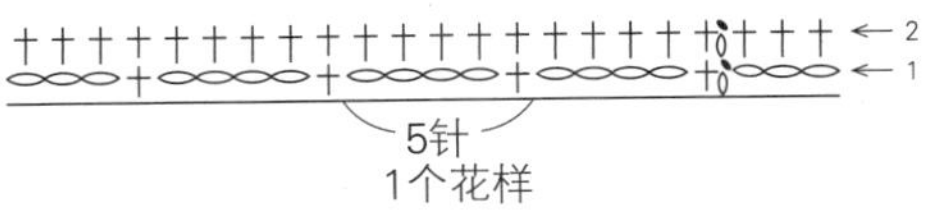

编织花样

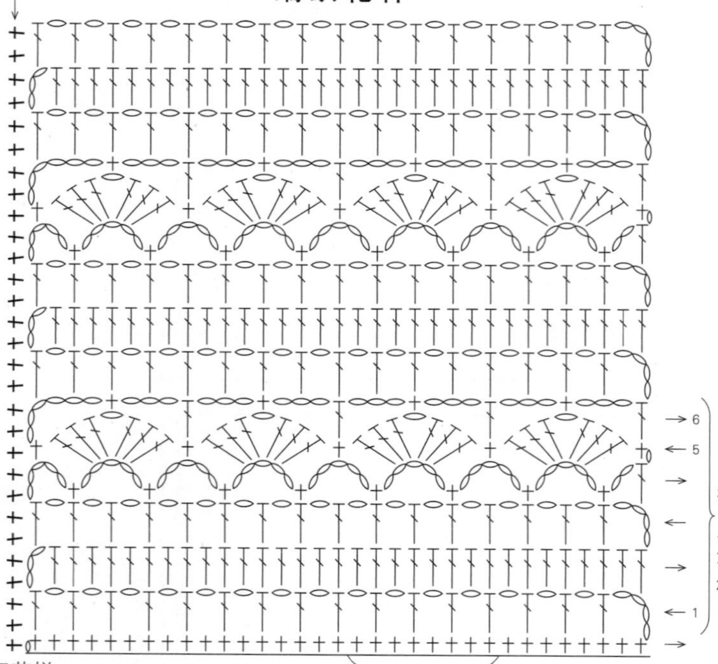

花片 24片

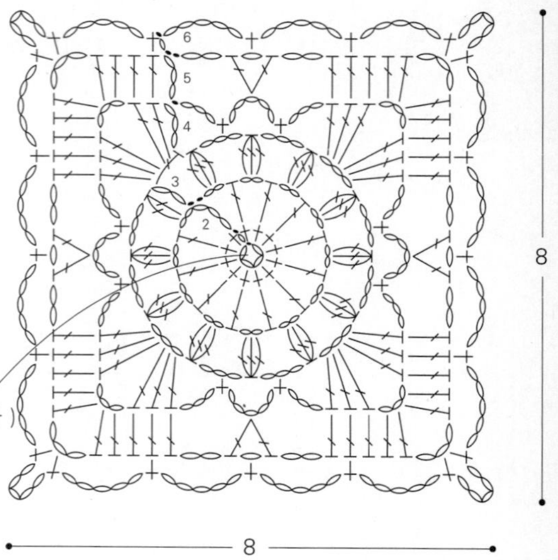

花片的连接方法

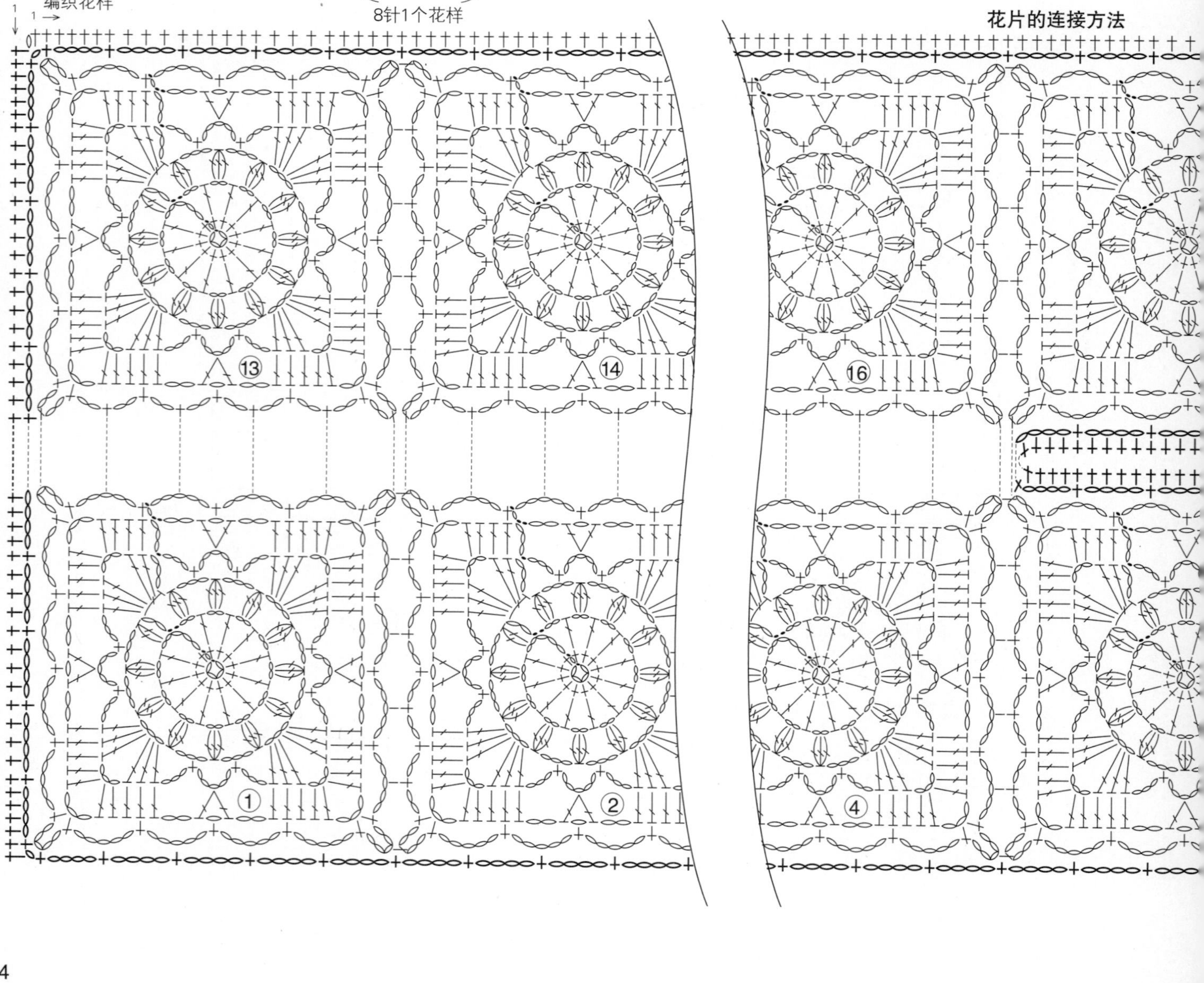

边缘编织A（侧边）

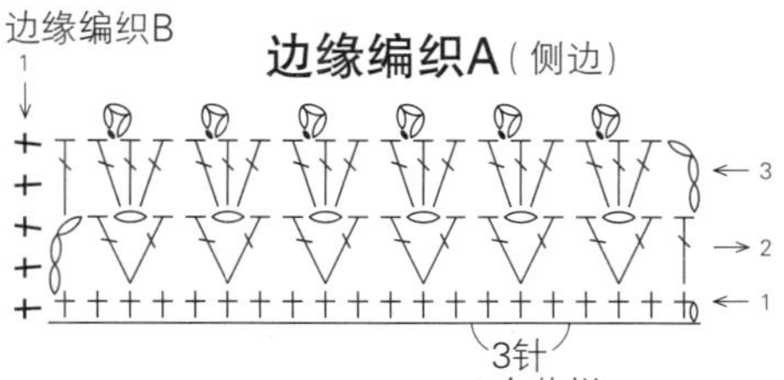

边缘编织B（下摆）

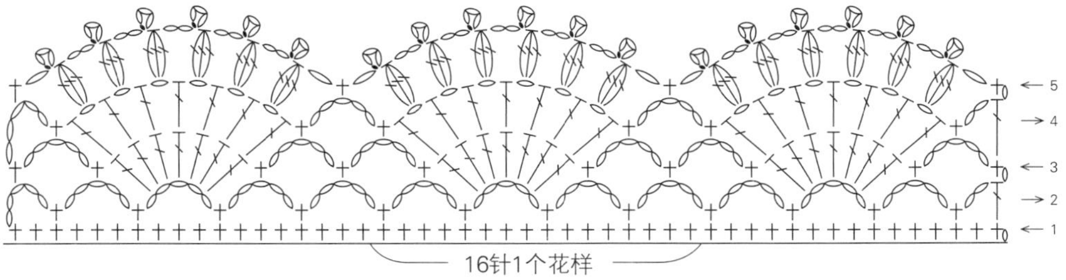

花片的连接方法

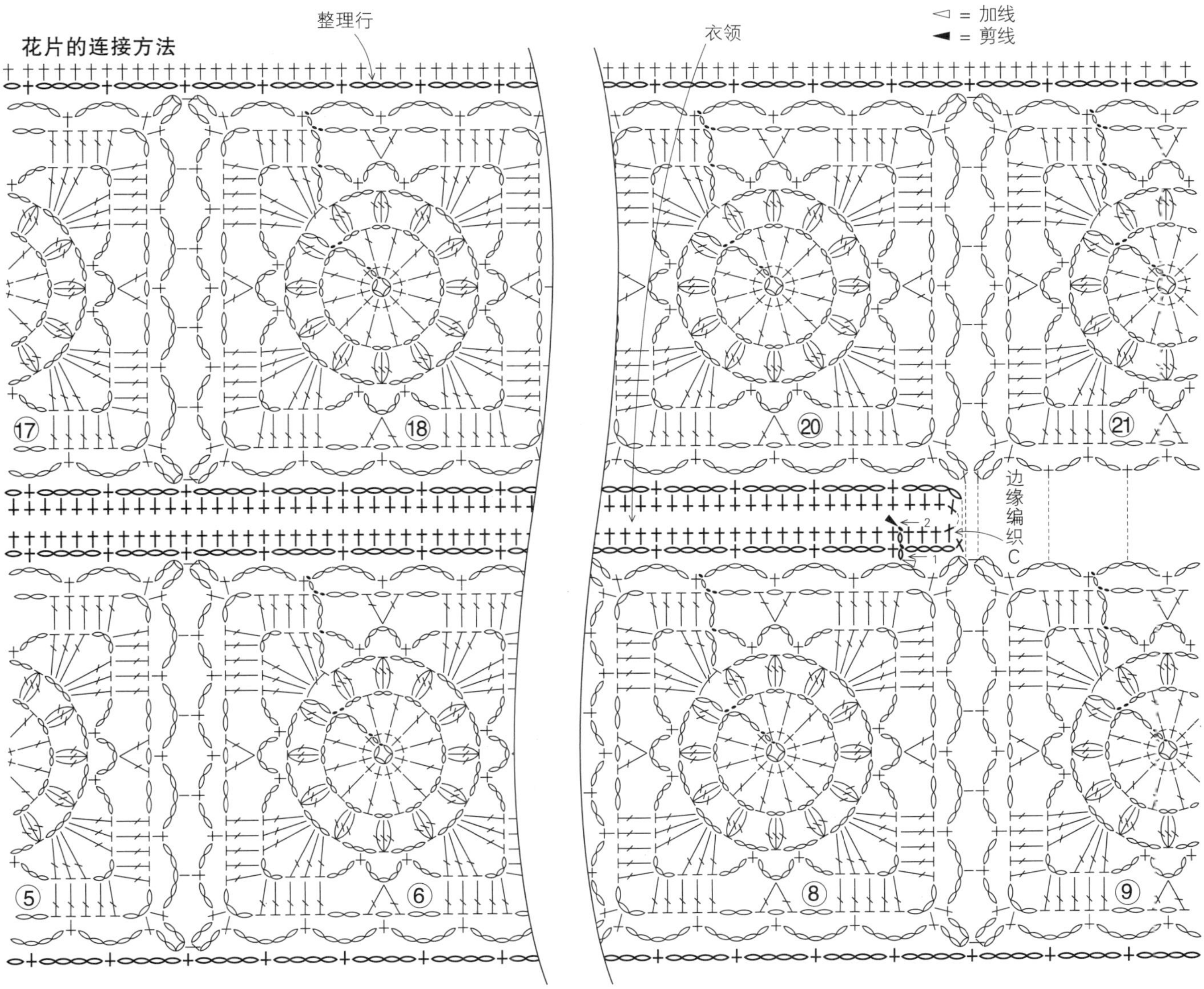

04

p.6

●**材料** Ski Meilong（粗）褐色系（1527）120g/4 团，紫色系（1525）90g/3 团

●**工具** 钩针 5/0 号

●**成品尺寸** 胸围 99cm，衣长 56cm，连肩袖长 27.25cm

●**编织密度** 编织花样 1 个花样约 1.7cm，4 行 4.25cm；连编花片宽 8cm

●**编织要点** 用紫色系线连着编织 16 片花片，编织 2 条这样的连编花片，再分别编织 2 条连编花片，一条 7 片花片、一条 8 片花片。换用褐色系线，用编织花样钩织，将各部件通过引拔针连接起来。前领窝参照图示钩织，肋部按照相同方法钩织引拔针连接起来，直至袖口开口止位。下摆、衣领、袖口分别环形钩织边缘，袖口钩织整理行后做边缘编织。

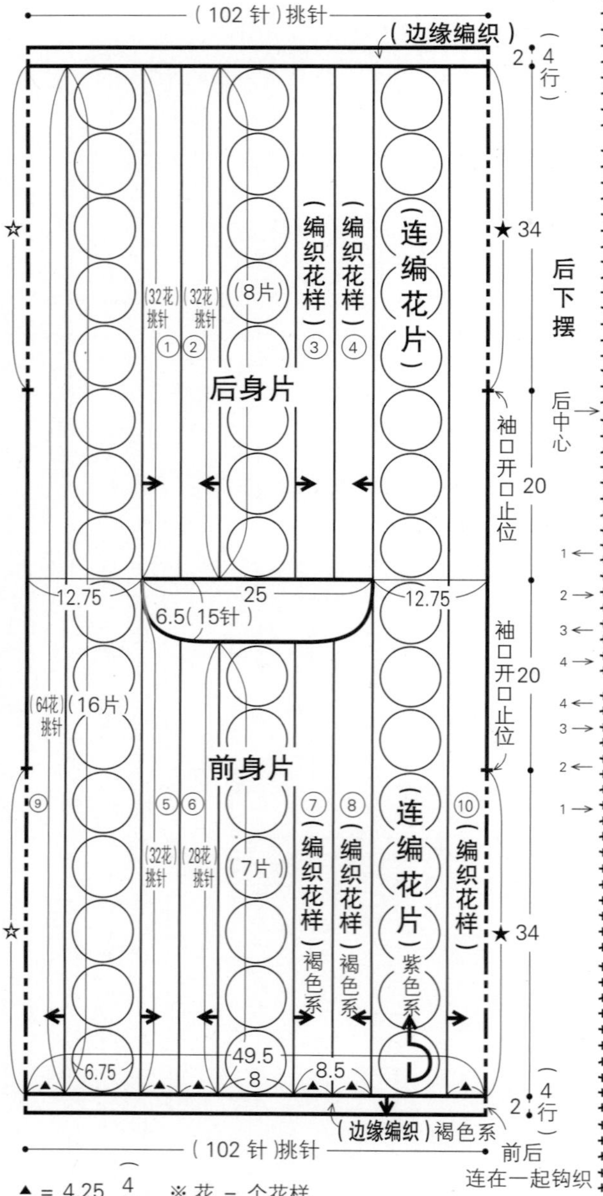

▲ = 4.25（4 行）

※ 花 = 个花样

※ ①~ ⑩表示编织花样的编织顺序

※ 肋部将相同标记（☆、★）连在一起钩织

※ 全部使用5/0号针钩织

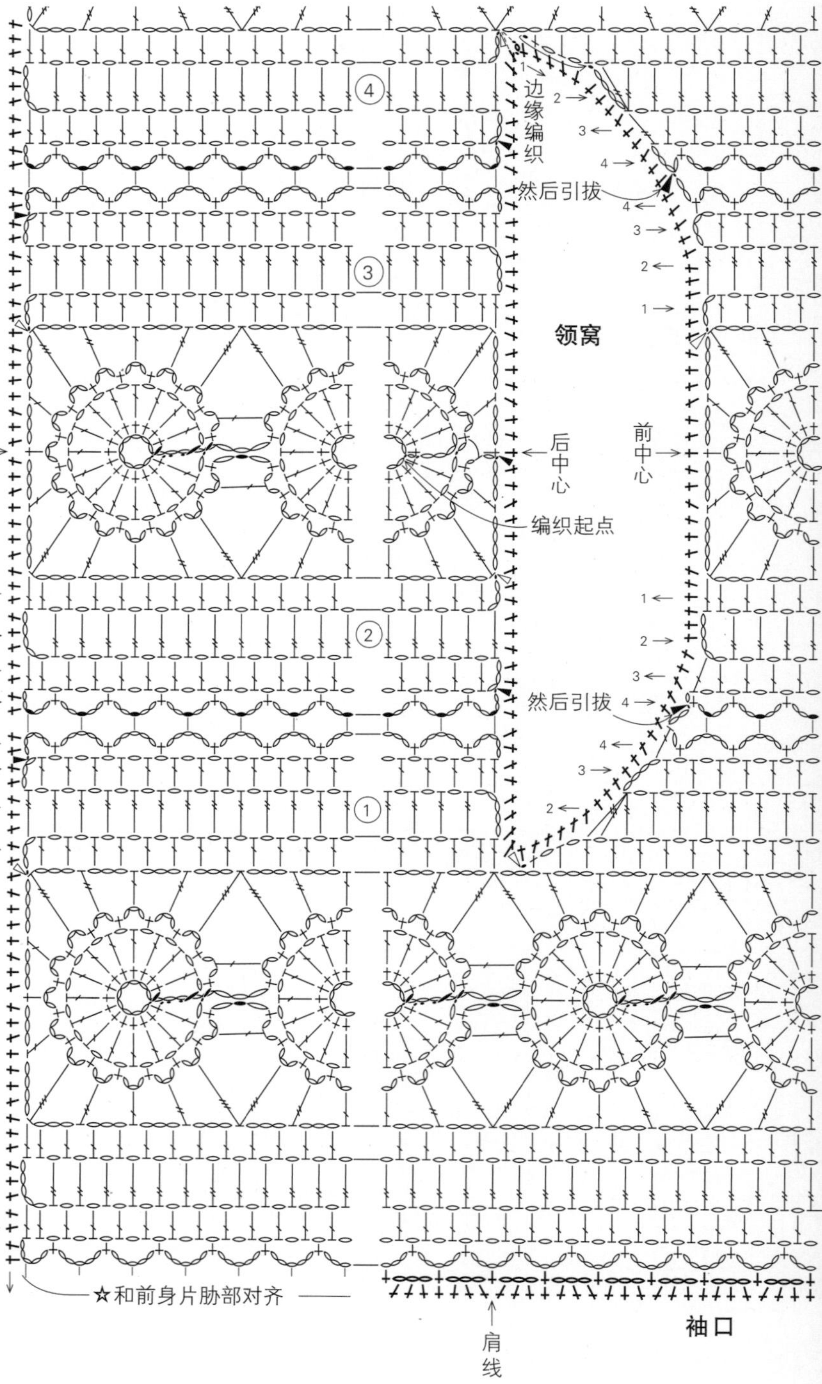

边缘编织

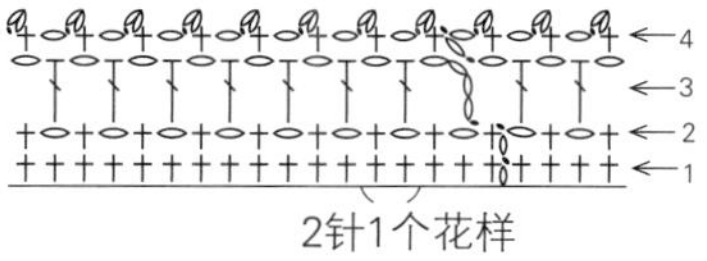

袖口的整理行

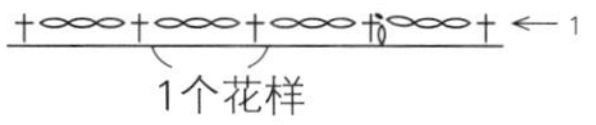

衣领、袖口（边缘编织）褐色系

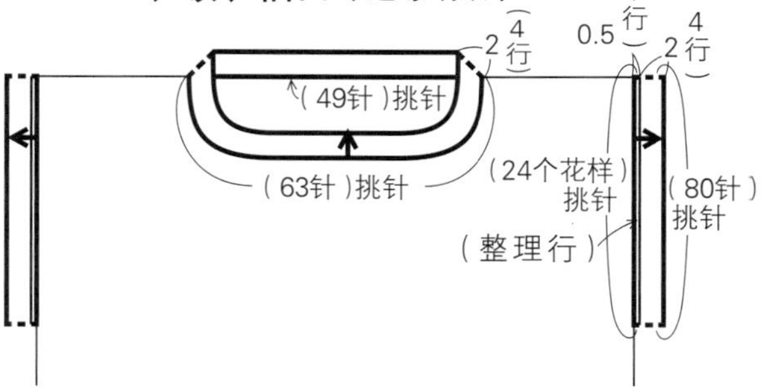

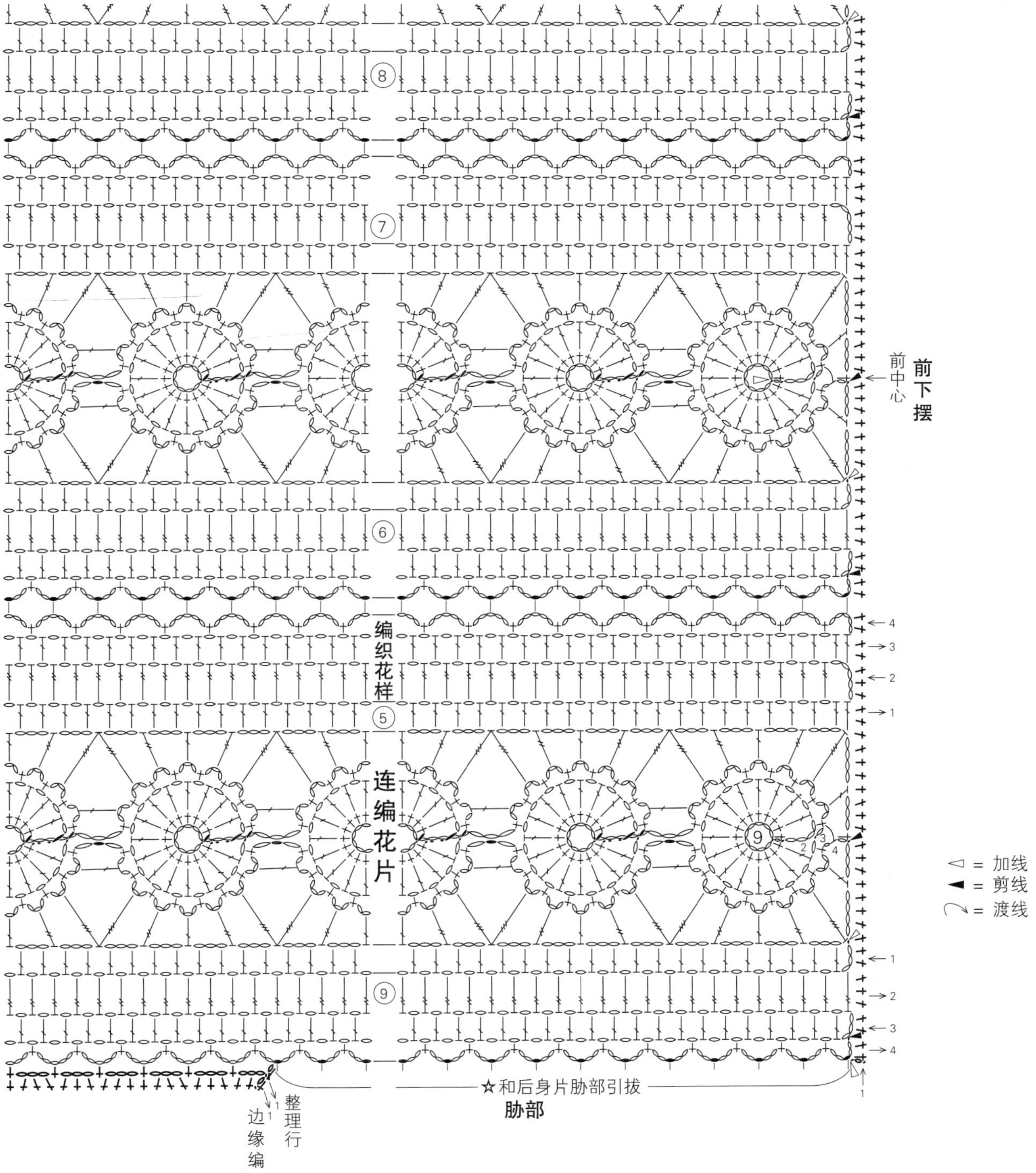

●基本花片和编织花样见 42 页

15

p.19

●材料 Ski Belle Soie（中细）藏青色（5110）100g/5团

●工具 棒针5号、6号

●成品尺寸 宽24cm，长132cm

●编织密度 10cm×10cm面积内：编织花样A 32针，28行（6号针）；编织花样B 34针，24行

●编织要点 围巾一端松松地用手指起针，按编织花样A开始编织，中途改变棒针号数，调整编织密度。第47行通过不编织挂针的方法实现减针。接着按编织花样B等针直编，然后休针。另一端也按照编织起点的方法做编织花样A，第47行减针，和休针的编织花样B做下针的无缝缝合。针目浮起将很不方便编织，用另线挑起数行，完成编织后熨烫定型，然后再进行缝合，这样会比较方便。熨烫时，使两端呈扇形展开。

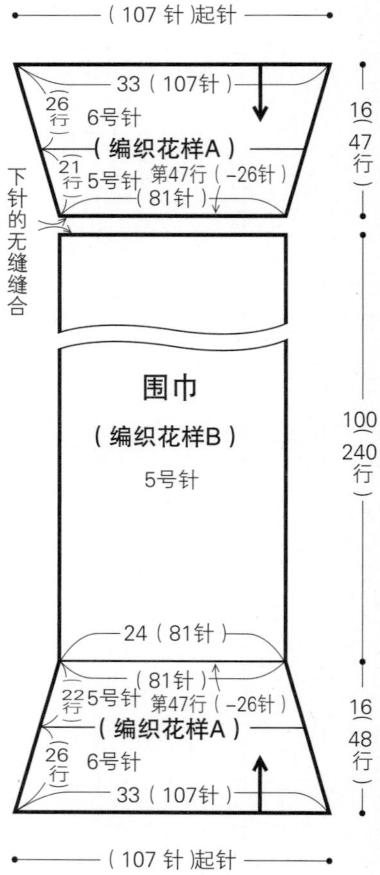

编织花样B

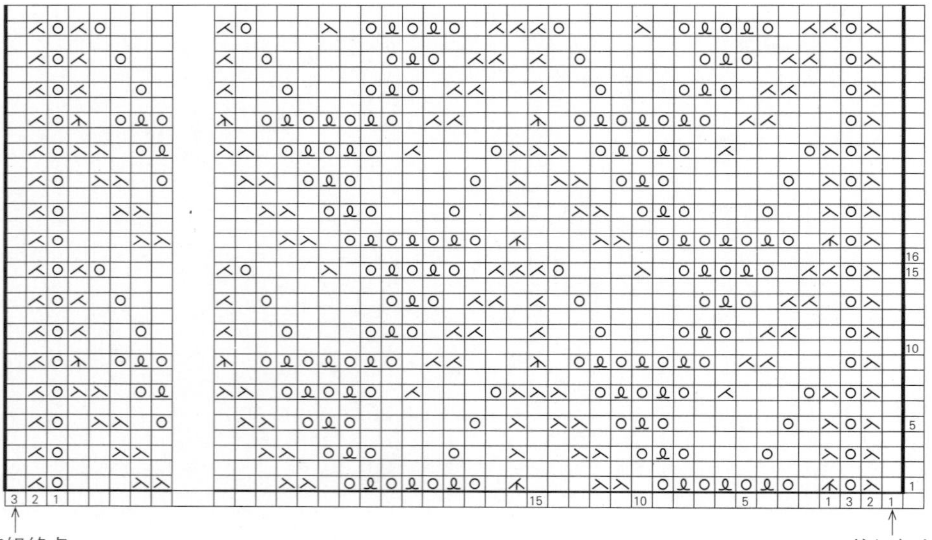

□=□ 下针

▨=无针目处

编织花样A

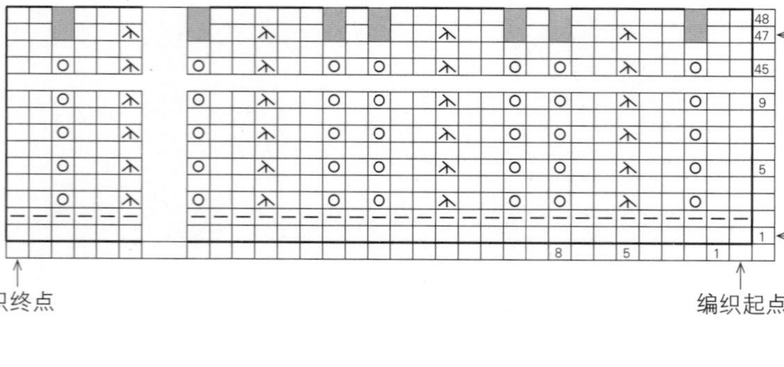

05

p.7

●**材料** Ski Belle Soie（中细）炭灰色（5111）190g/10 团

●**工具** 钩针 3/0 号、4/0 号

●**成品尺寸** 胸围 96cm，衣长 55cm，连肩袖长 24.5cm

●**编织密度** 10cm×10cm 面积内：编织花样 33.5 针，15 行（3/0 号针）

●**花片大小** 6cm×6cm

●**编织要点** 育克用连接花片的方法钩织。花片之间钩织引拔针连接，前身片 12 片，后身片 16 片。为了让花片端头变得平整，袖口周围用 4/0 号针钩织 1 行整理行。只在身片处，整理行用 3/0 号针钩织第 2 行，然后一边向下摆方向做编织花样，一边调整编织密度。胁部钩织引拔针和锁针接合，下摆环形钩织边缘编织 A。衣领钩织完整理行后，钩织边缘编织 B，袖口环形钩织边缘编织 B。

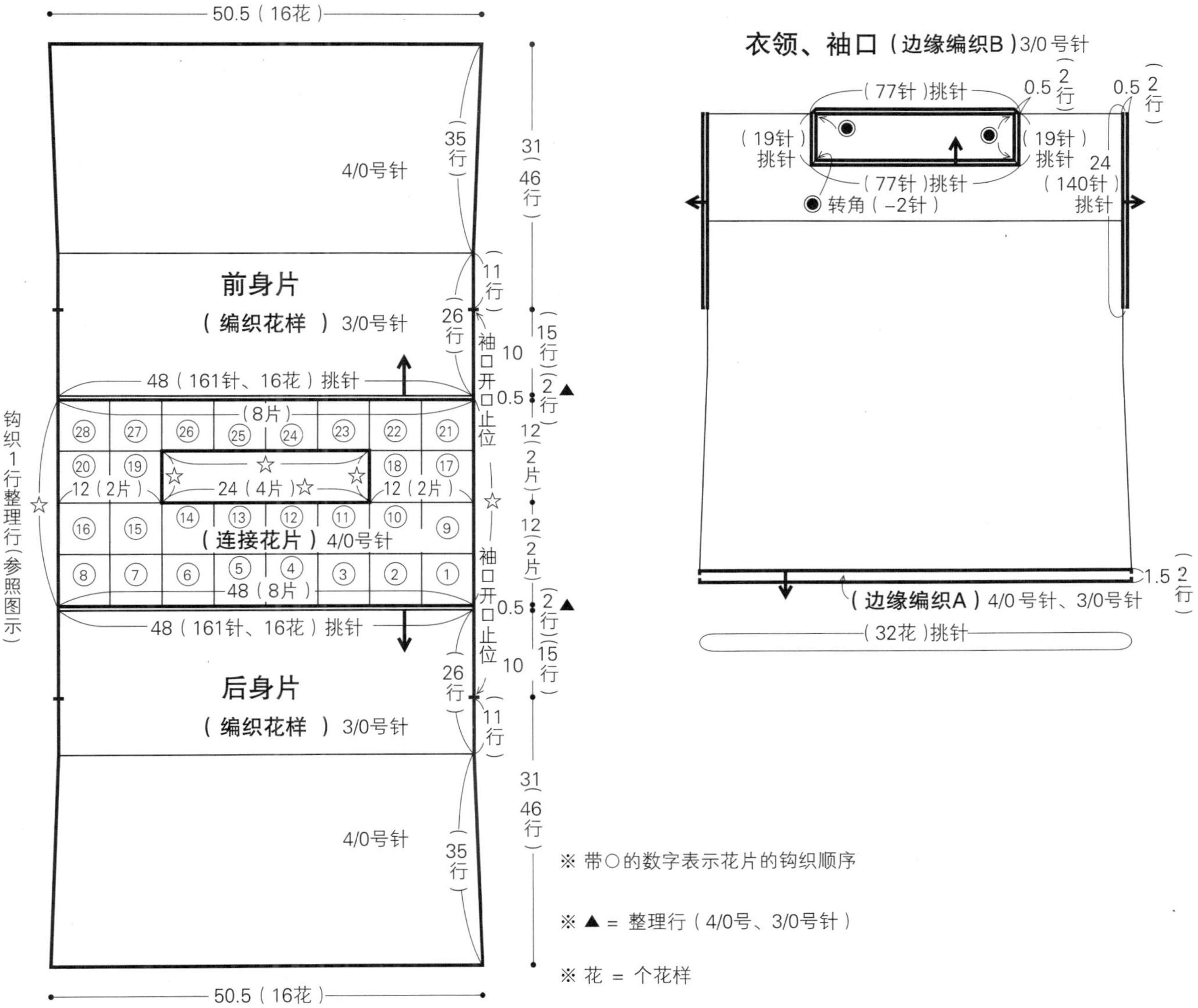

※ 带○的数字表示花片的钩织顺序

※ ▲ = 整理行（4/0号、3/0号针）

※ 花 = 个花样

编织花样

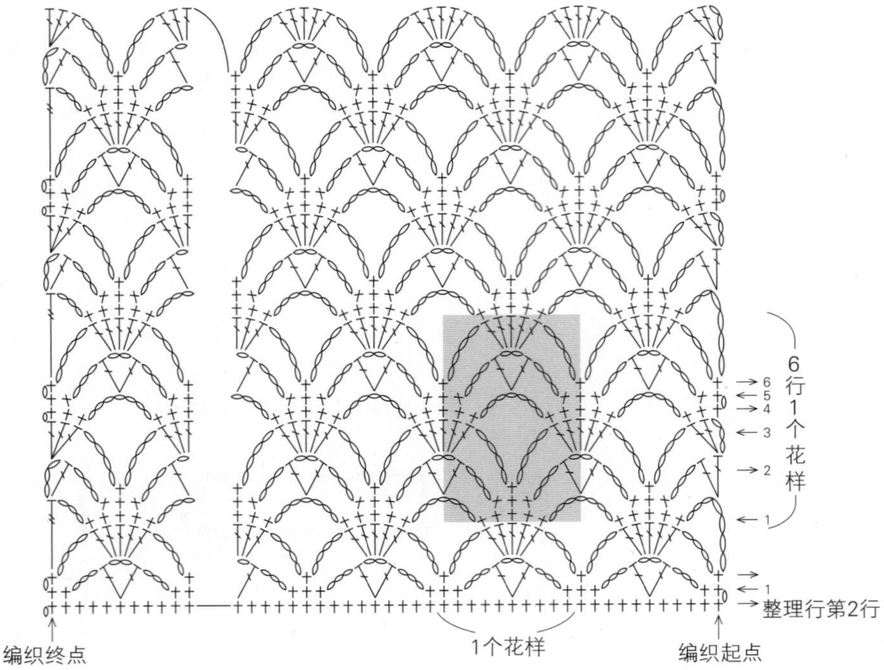

边缘编织A（下摆）

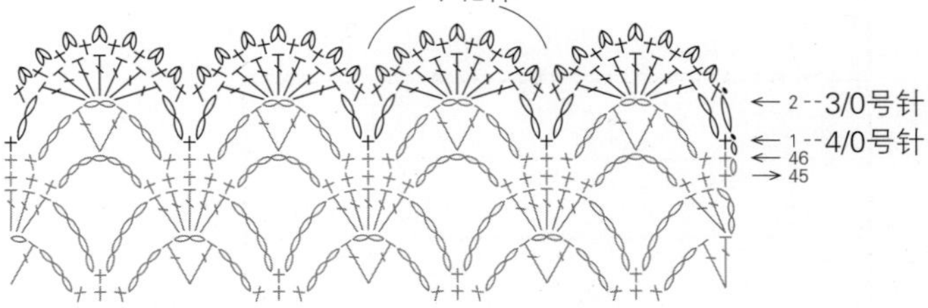

※第2行的短针钩织在前一行长针针目之间

花片（28片）

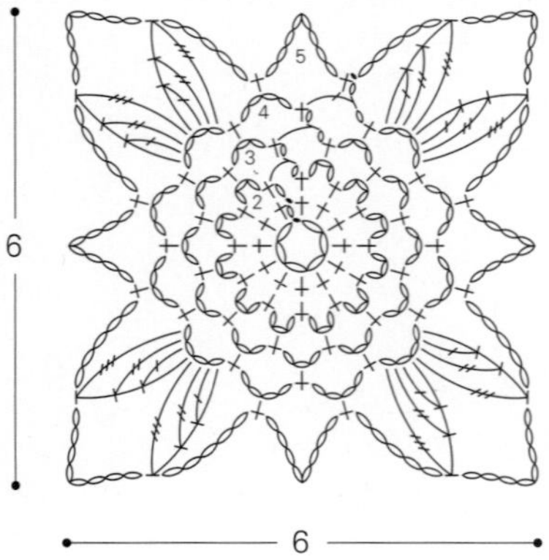

的编织方法

①三卷长针
②长长针
③长针
④中长针

全部钩织未完成的状态，然后依次从钩针上的2个线圈中引拔出

边缘编织B（衣领、袖口）

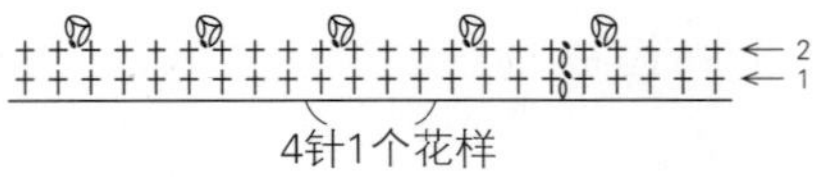

袖口（边缘编织B）3/0号针

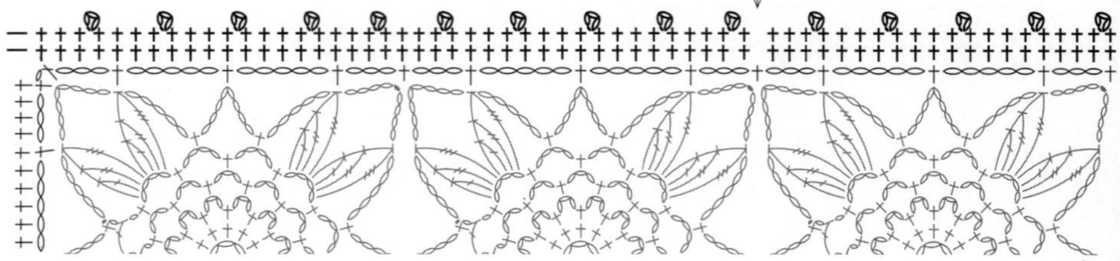

※ 整理行第1行用4/0号针钩织，
第2行用3/0号针钩织

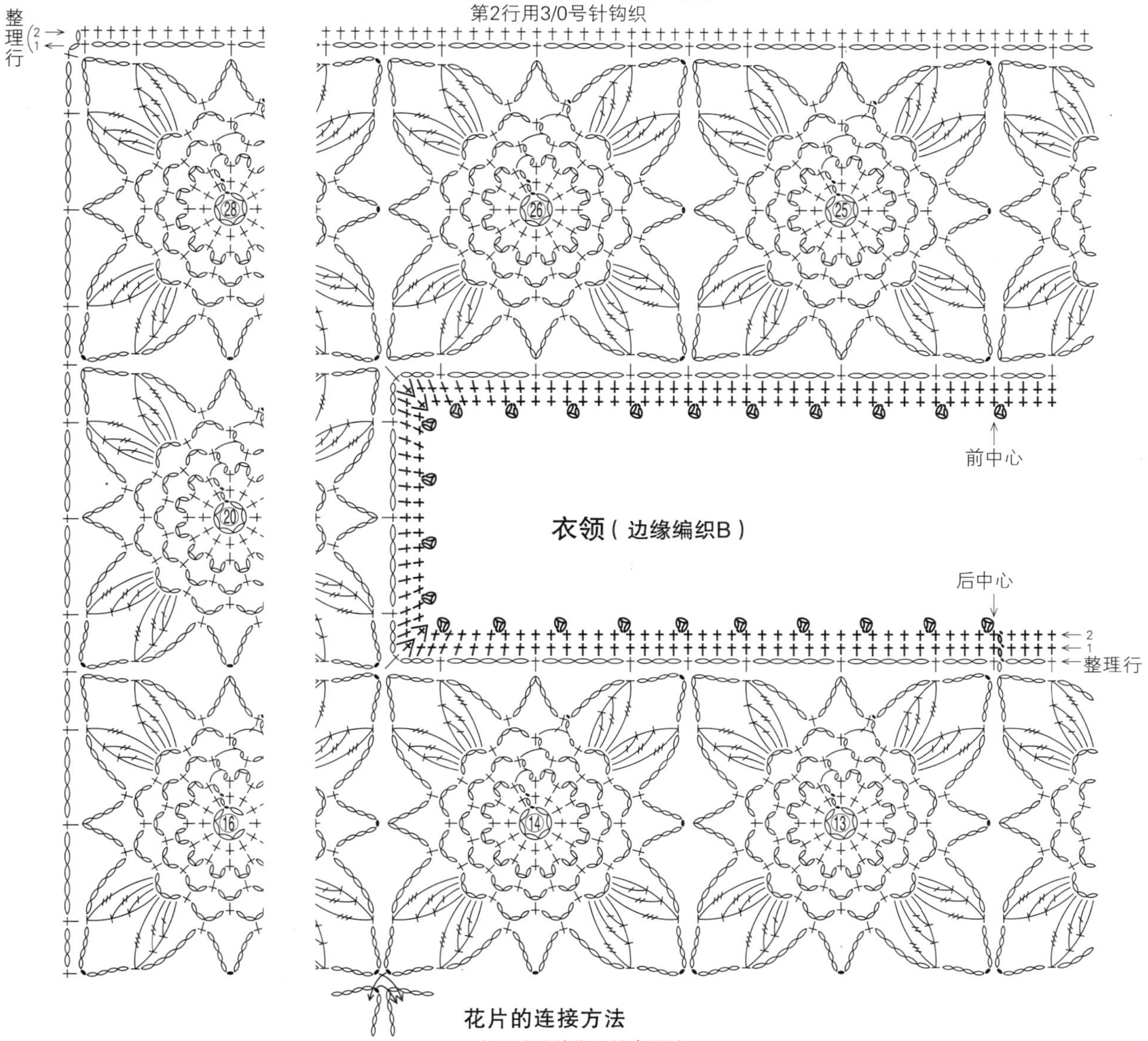

花片的连接方法

暂时在连接位置抽出钩针，
插入需要连接的花片的锁针中，
然后将取下的针目从中拉出。

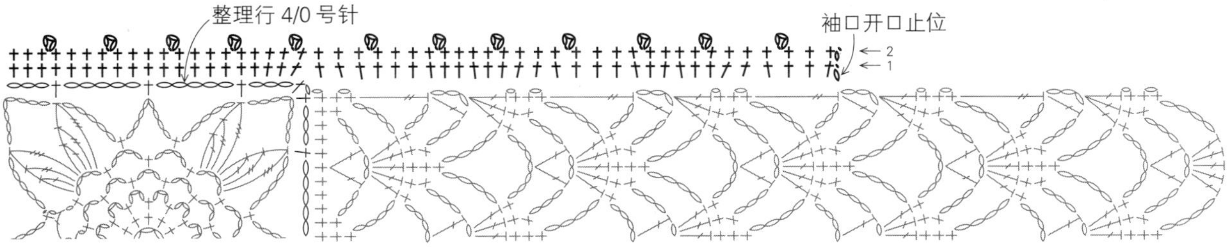

25

p.30

●材料 Ski Supima Cotton（粗）
a：黑色（5025）120g/4 团，黄色（5010）20g/1 团
b：乳白色（5002）120g/4 团，浅紫色（5004）20g/1 团
●工具 钩针 5/0 号、4/0 号
●成品尺寸 宽 27cm，深 25.5cm（除提手外）
●编织密度 编织花样 A 6 针 2.2cm，6 行 4.5cm

●编织要点 锁针起针，一边在包底两侧加针，一边环形钩织 5 行短针。继续在主体钩织 29 行编织花样 A、3 行编织花样 B（穿绳位置）、4 行编织花样 A。钩织 2 条长约 60cm 的罗纹绳，穿在相应位置。提手环形钩织短针，参照组合方法，缝在主体反面。制作流苏，缝在罗纹绳端头。

包包

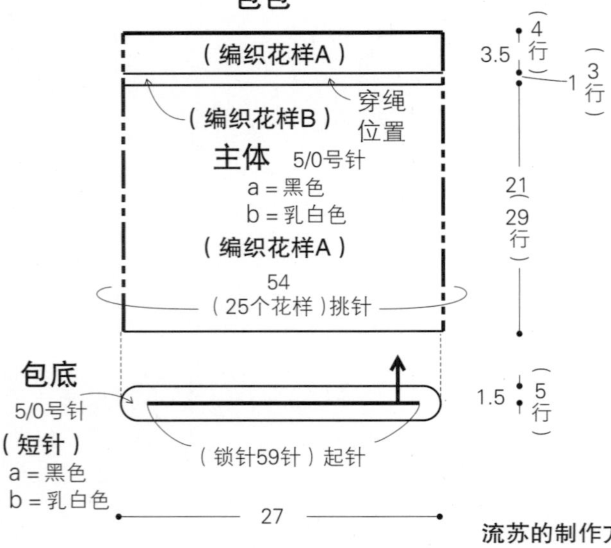

提手 2根

（短针） 4/0号针
a＝黄色
b＝浅紫色

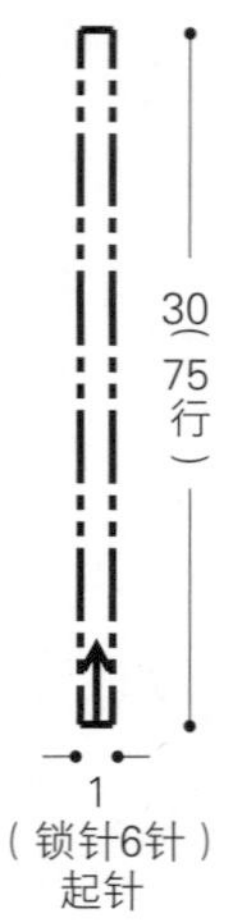

提手

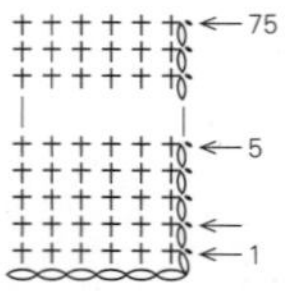

流苏的制作方法 2根

a＝黄色 b＝浅紫色

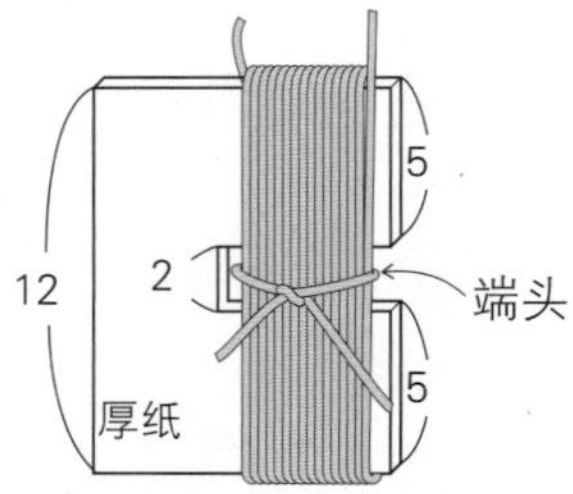

如图所示在厚纸上缠20圈线，中央用抽绳（罗纹绳）端头系紧，从厚纸上取下。

从系住的地方对折，在距离上方1cm处系紧。将线头剪齐。

组合方法

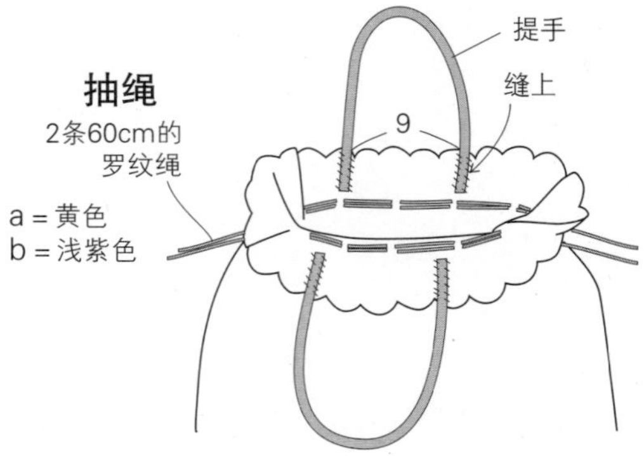

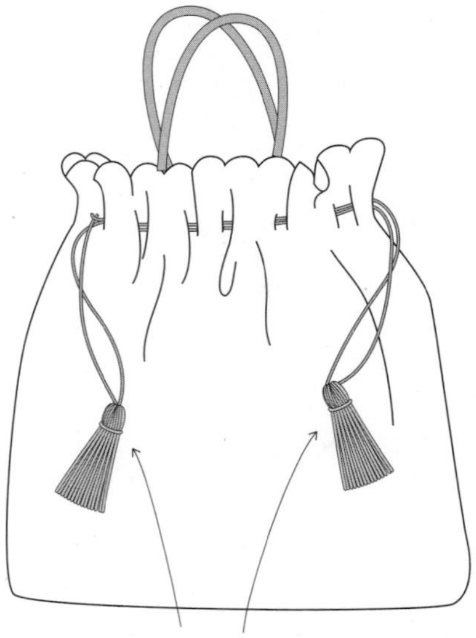

将抽绳穿入穿绳位置，端头缝上流苏

罗纹绳 ⇒ 请参照p.78

主体

► = 剪线

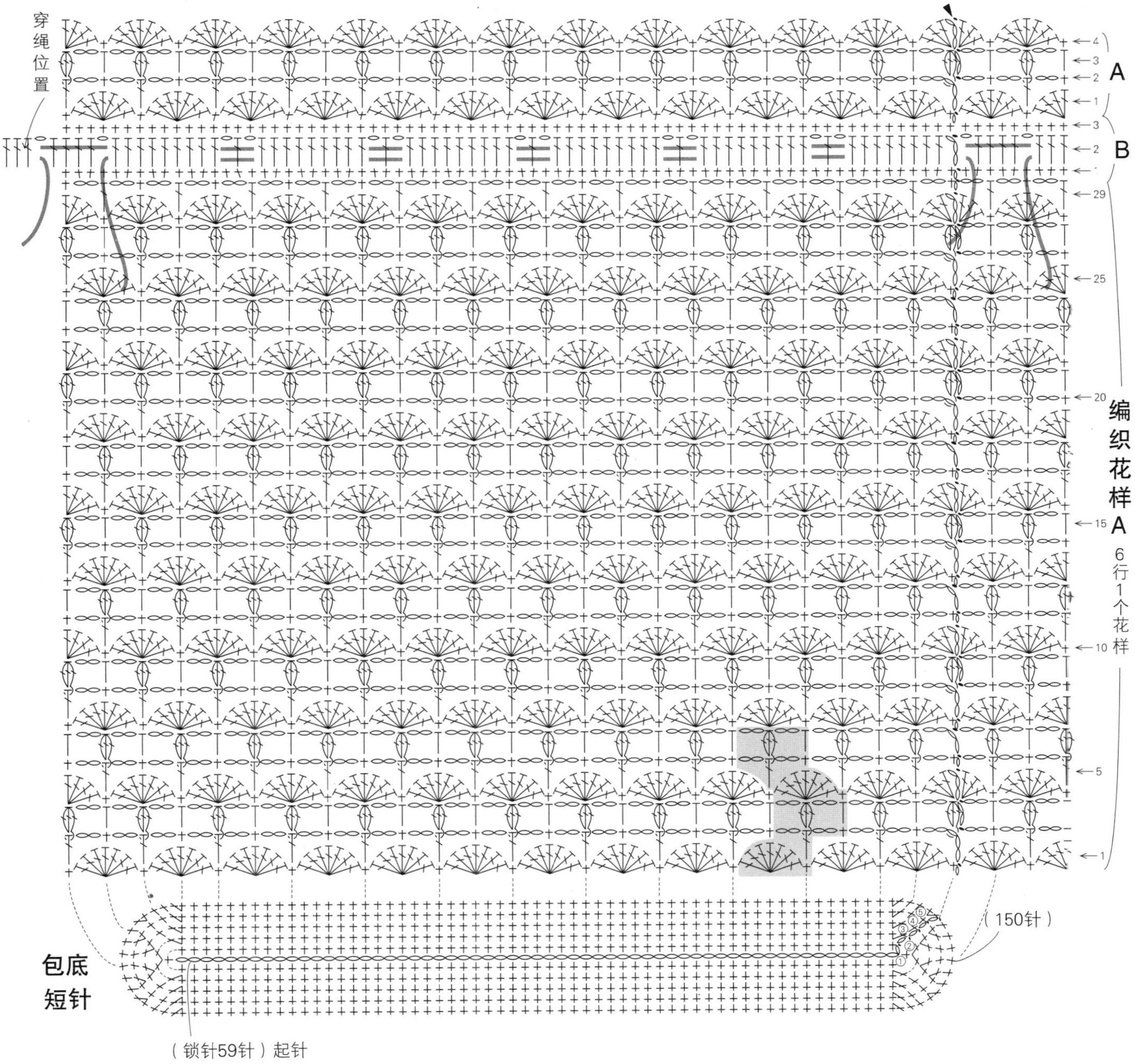

▨ = 1个花样　⍟ = 第1针钩织未完成的长针的正拉针，和第2、3针未完成的长针一起钩织枣形针

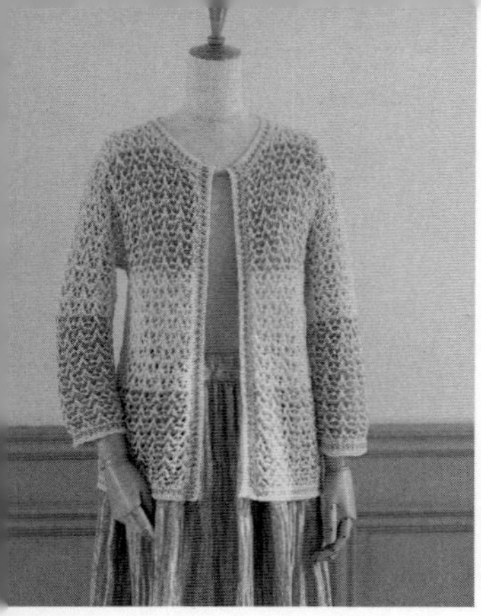

08

p.11

●**材料** Ski Quartz（粗）白色（1721）210g/7团，淡灰色（1726）70g/3团

●**工具** 棒针5号、4号、3号

●**成品尺寸** 胸围100cm，肩宽40cm，衣长56cm，袖长39cm

●**编织密度** 10cm×10cm面积内：编织花样20针，40行

●**编织要点** 身片、衣袖另线锁针起针，编织条纹花样A，编织指定行数后，做编织花样。减2针及以上时，做伏针减针；（边针仅在第1次需要编织）减1针时，立起端头1针减针。下摆、袖口解开另线锁针挑针，一边改变针号，一边编织条纹花样B。编织终点做伏针收针，肩部做盖针接合，肋部、袖下使用毛线缝针做挑针缝合。衣领、前门襟编织条纹花样B'，编织终点做伏针收针。衣袖钩织引拔针和身片连接，袖窿标记处做对齐针与行缝合。

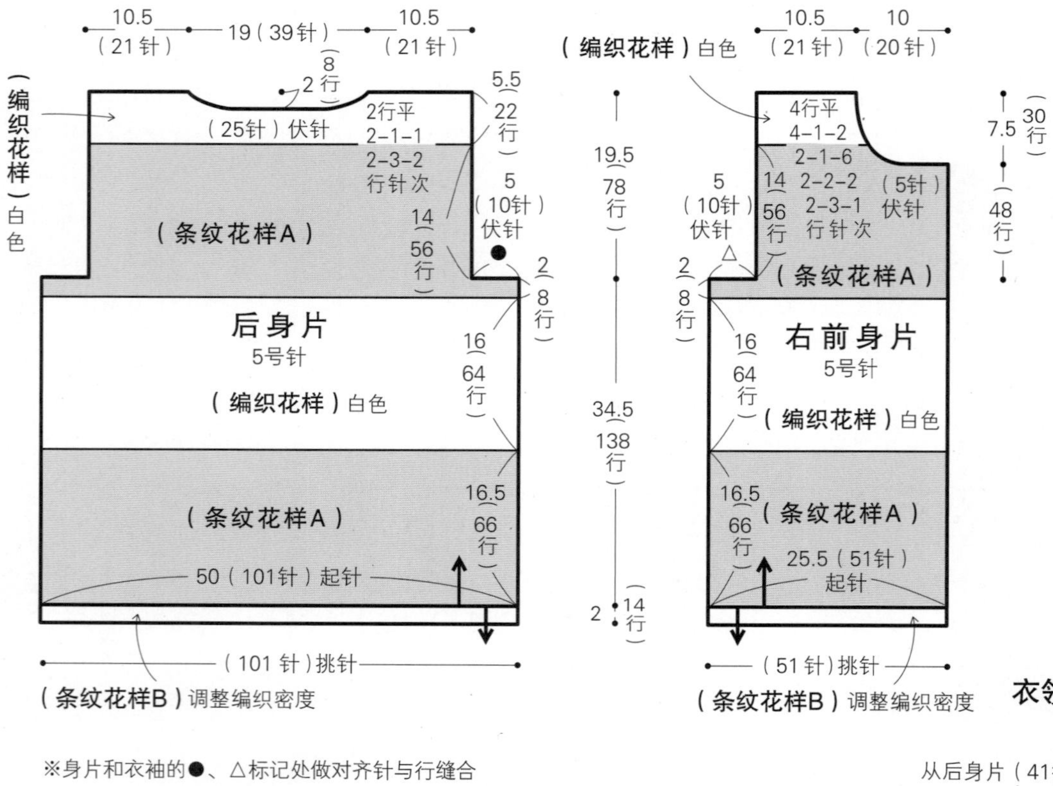

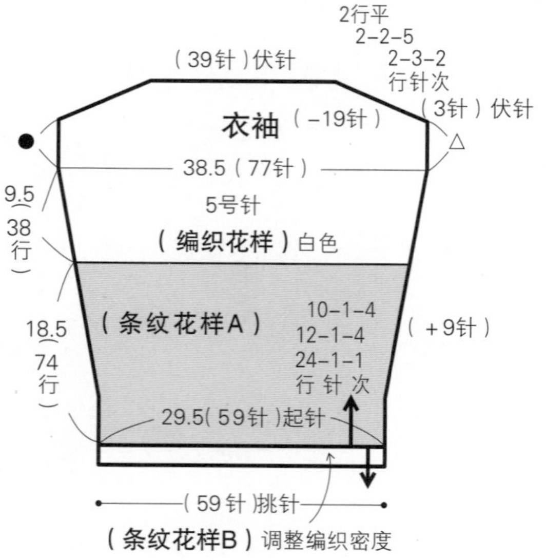

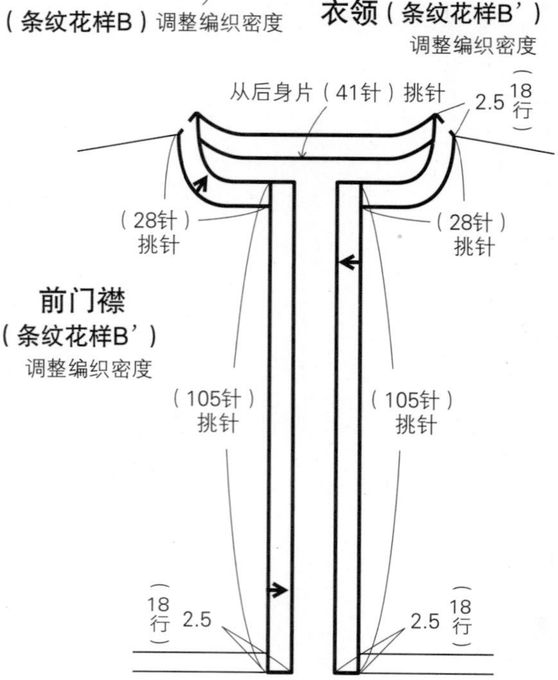

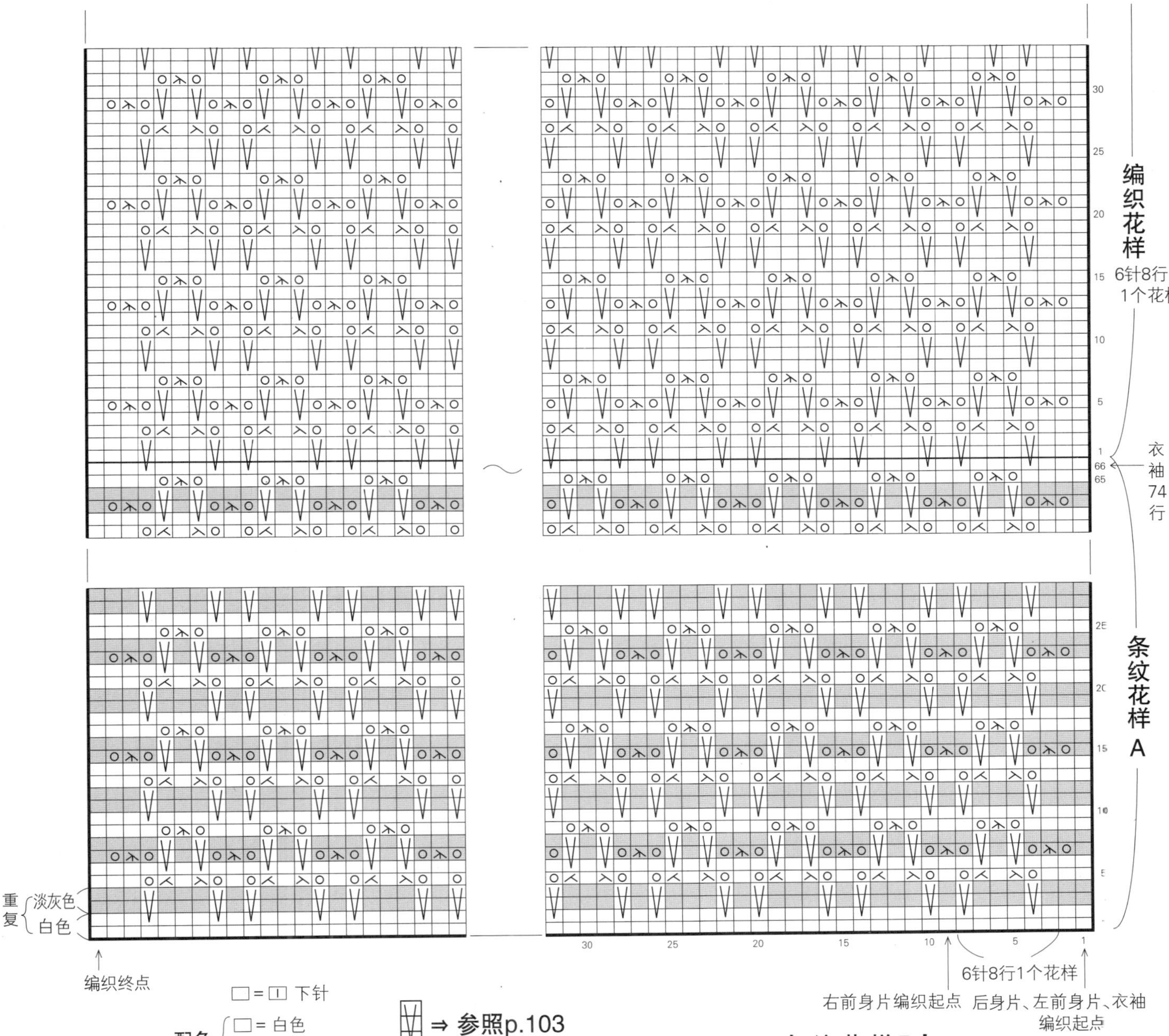

□ = ⊡ 下针

配色 □ = 白色
▨ = 淡灰色

⇒ 参照p.103

条纹花样B（下摆、袖口）

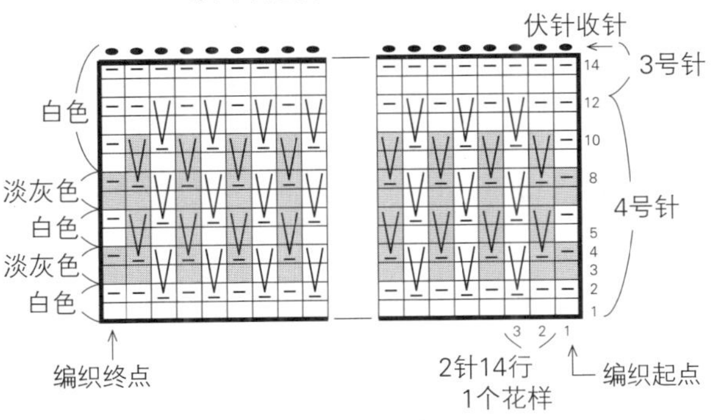

条纹花样B'（衣领、前门襟）

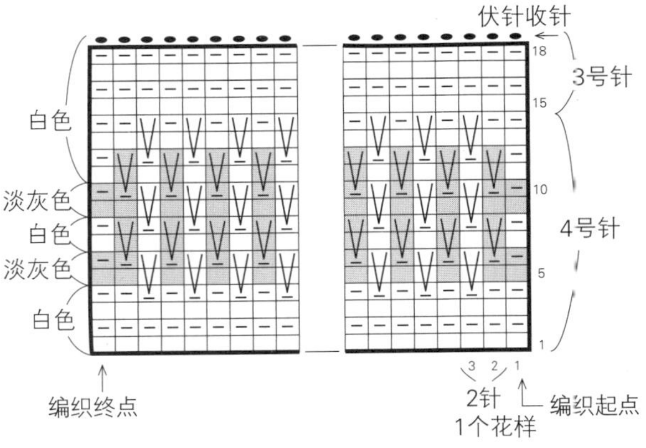

10

p.13

●材料 Ski Linen Silk（中细）灰粉色（1405）220g/9 团

●工具 棒针 4 号、3 号

●成品尺寸 胸围 100cm，衣长 52cm，连肩袖长 42cm

●编织密度 10cm×10cm 面积内：编织花样 28 针，34 行

●编织要点 身片另线锁针起针，做编织花样。领窝减 2 针及以上时，做伏针减针；减 1 针时，立起端头 1 针减针。斜肩做引返编织。下摆解开另线锁针挑针，编织桂花针，最后做伏针收针。衣袖分别从后身片△、▲标记处挑针，做编织花样，然后编织桂花针，最后做伏针收针。前后肩部正面相对对齐，做盖针接合。衣袖参照组合方法，缝合于前身片。衣领环形编织桂花针，最后做伏针收针。胁部使用毛线缝针做挑针缝合。

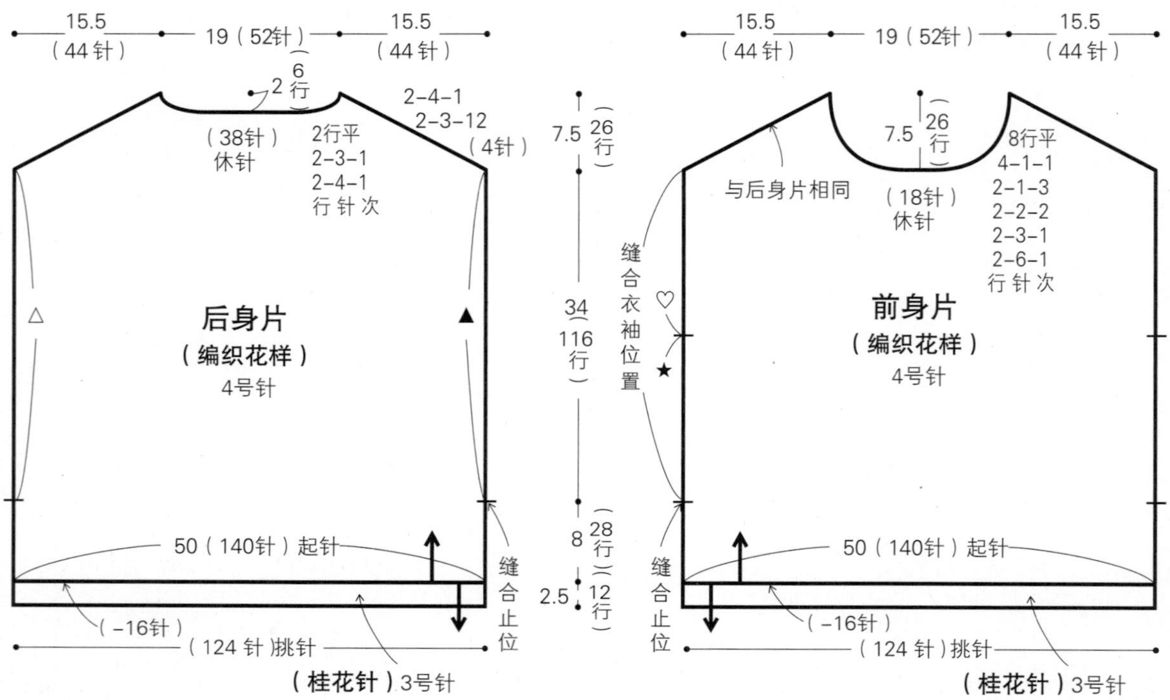

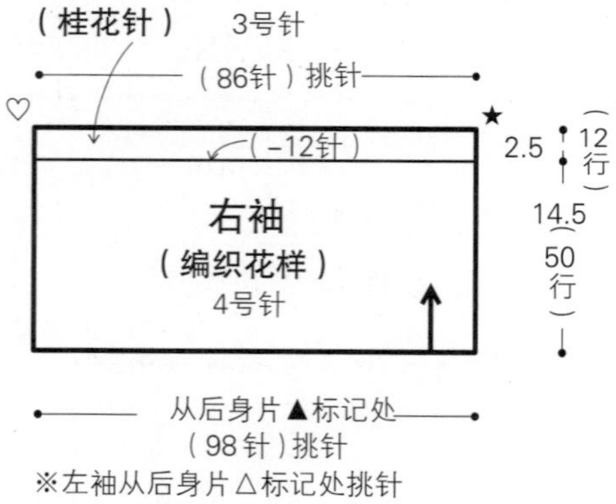

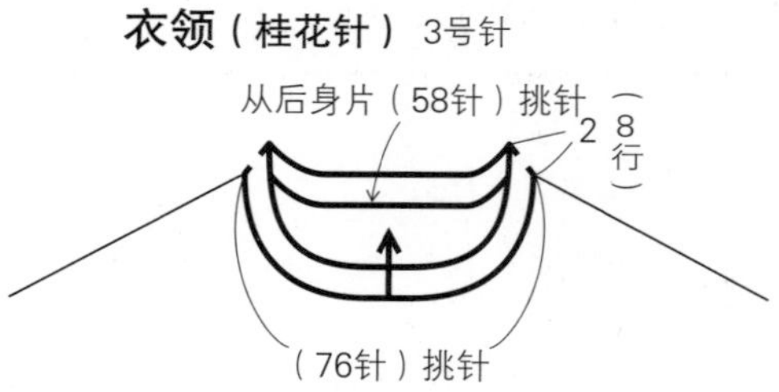

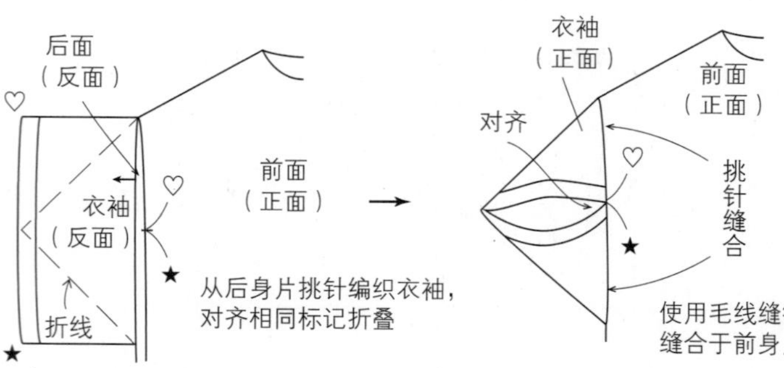

桂花针

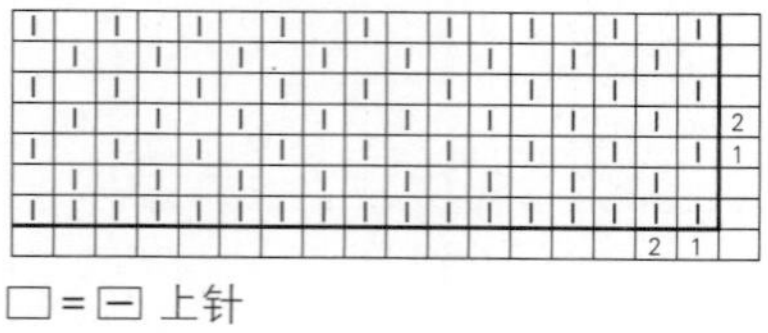

编织花样

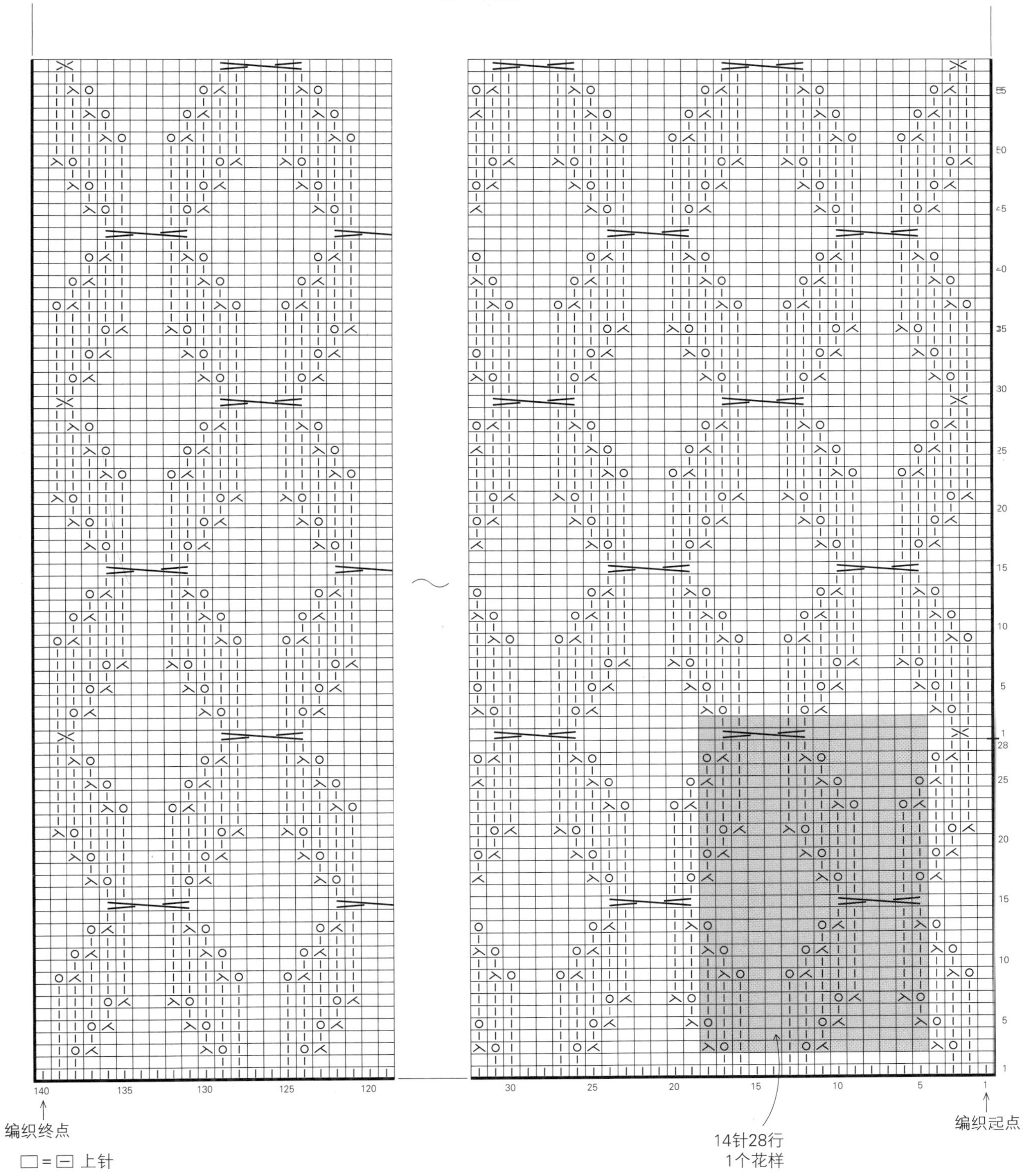

□=⊟ 上针

右上2针交叉（中央织入2针上针）

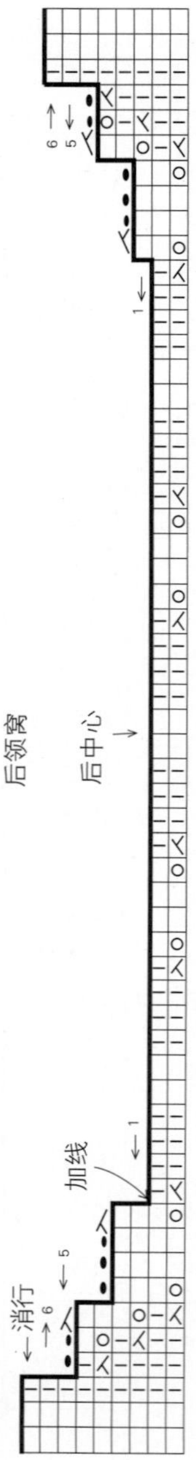
后领窝
后中心
加线
消行
1
5
6

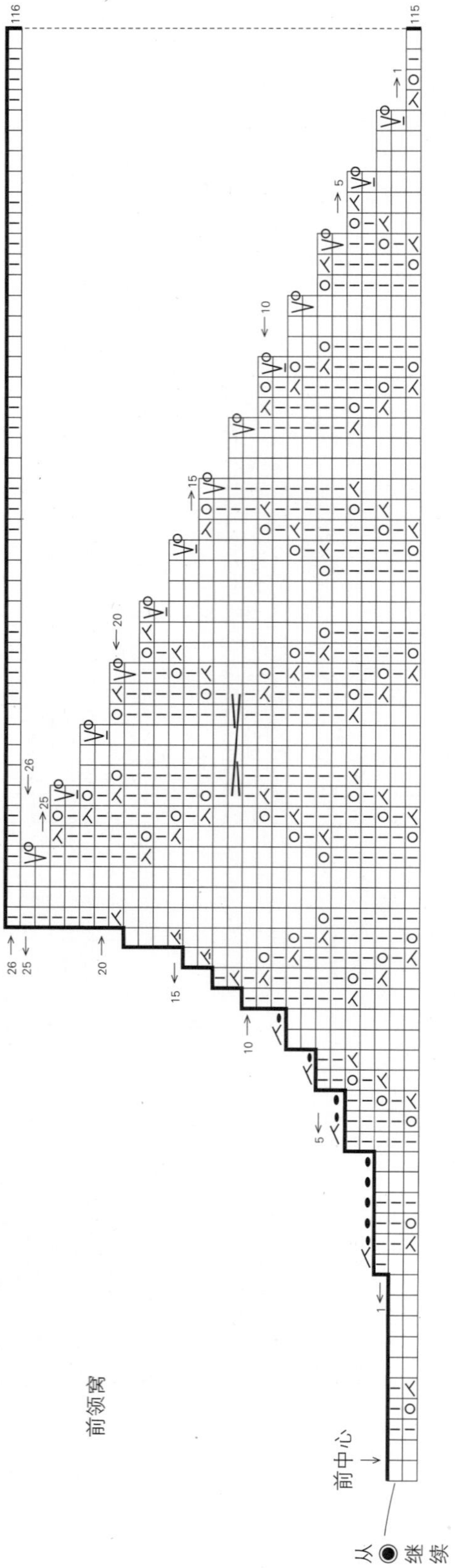
前领窝
前中心
从◉继续
116
115
1
5
10
15
20
25
26

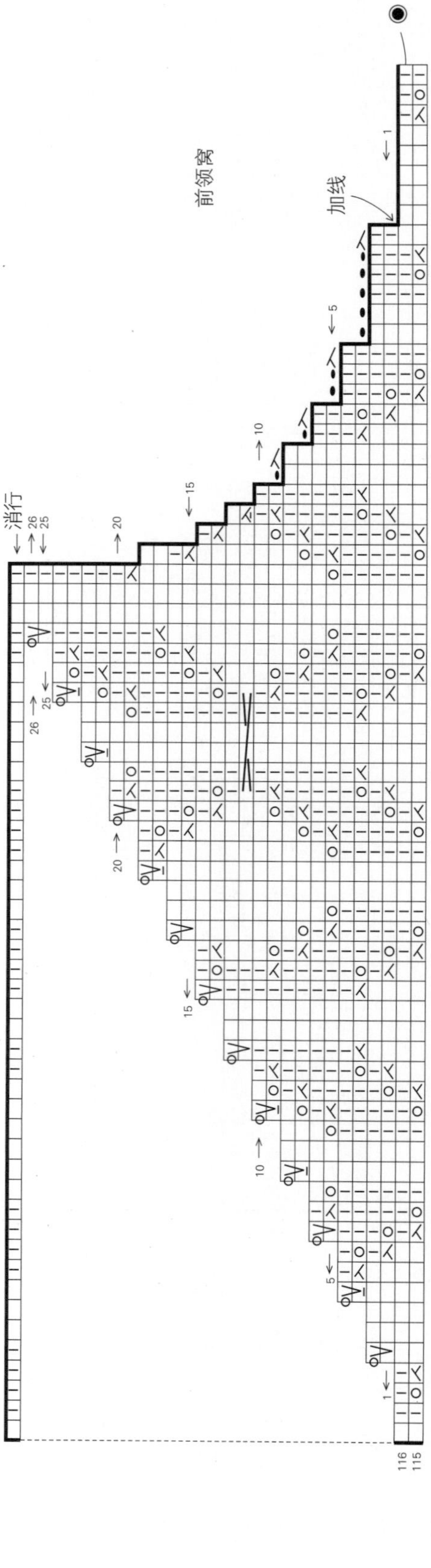
前领窝
加线
消行
116
115
1
5
10
15
20
25
26

□ = □ 上针

09

p.12

●材料 Ski Harugasumi（中细）栗色（1314）230g/8团

●工具 棒针4号、3号

●成品尺寸 胸围96cm，肩宽38cm，衣长54cm，袖长18cm

●编织密度 10cm×10cm面积内：下针编织26针，32行；编织花样27针，29行

●编织要点 身片另线锁针起针，做下针编织，然后做编织花样。有时需要编织挂针和2针并1针，每行的针数并不完全相同。袖窿编织伏针，领窝减2针及以上时，做伏针减针；减1针时，立起端头1针减针。衣袖和身片编织方法相同，袖下在端头1针内侧编织扭加针，最后做伏针收针。解开另线锁针挑针做伏针收针。肩部做盖针接合，衣领做环形的下针编织和伏针收针。身片和衣袖、袖下相同标记处做对齐针与行缝合。胁部和袖下使用毛线缝针做挑针缝合。

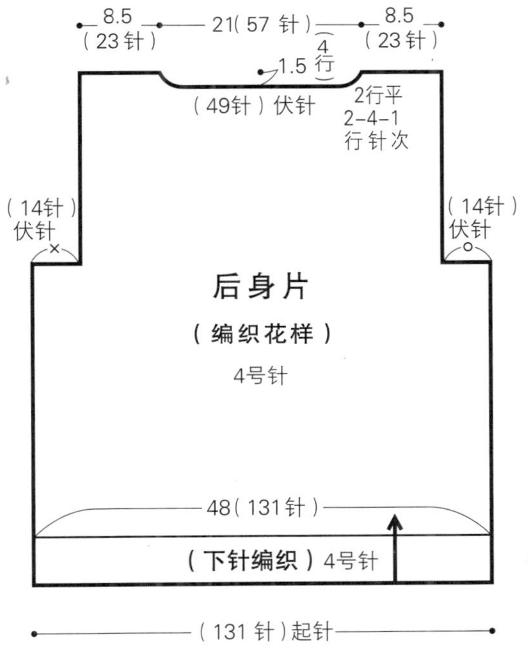

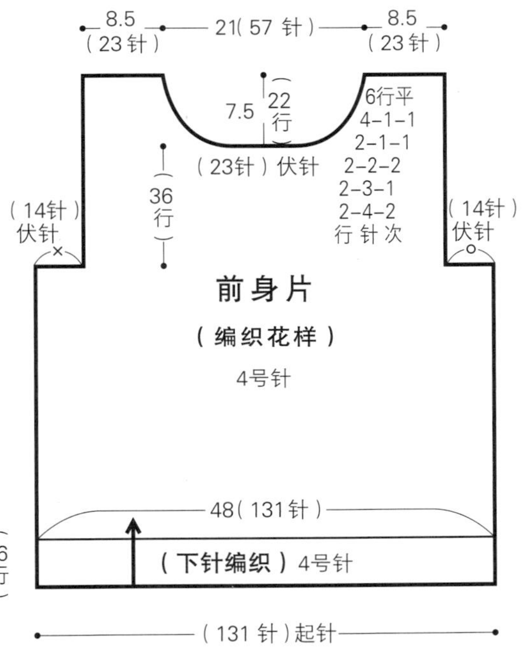

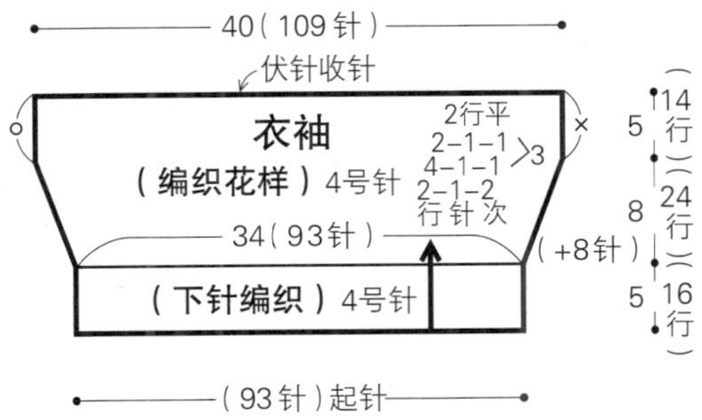

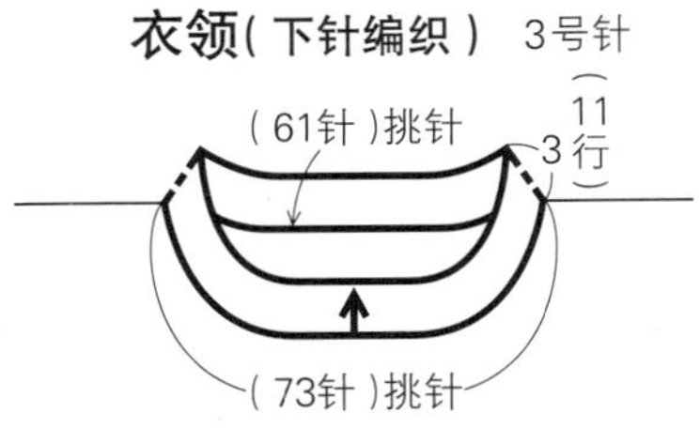

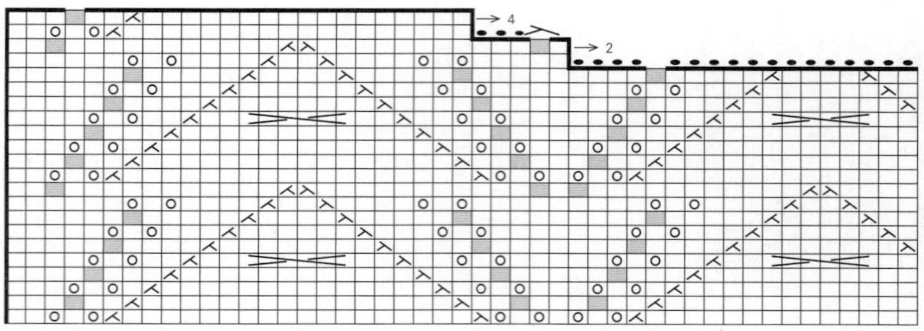

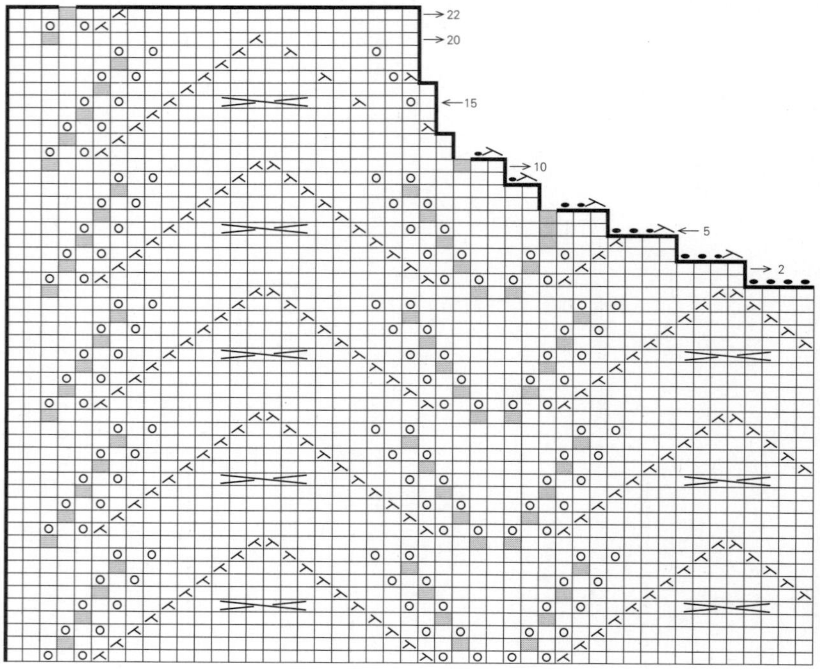

= 下针

= 无针目处

= 右上3针交叉

袖下的加针

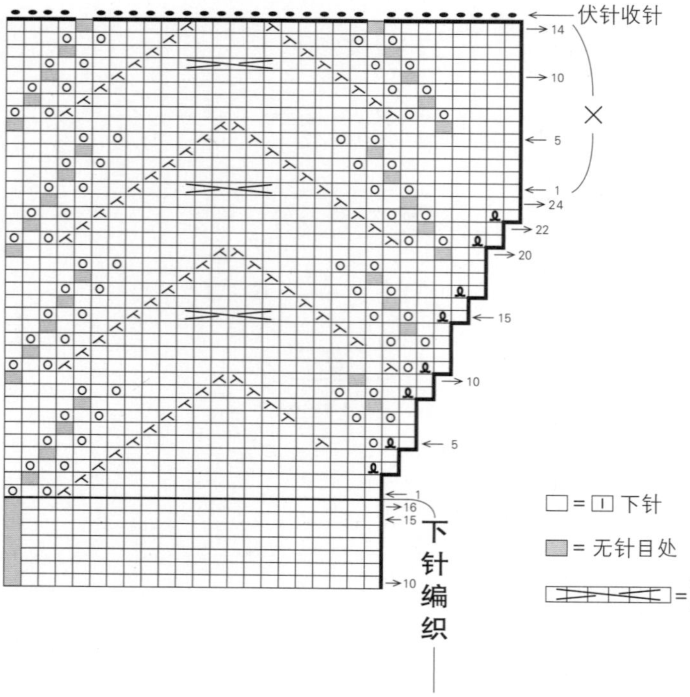

= 下针

= 无针目处

= 右上3针交叉

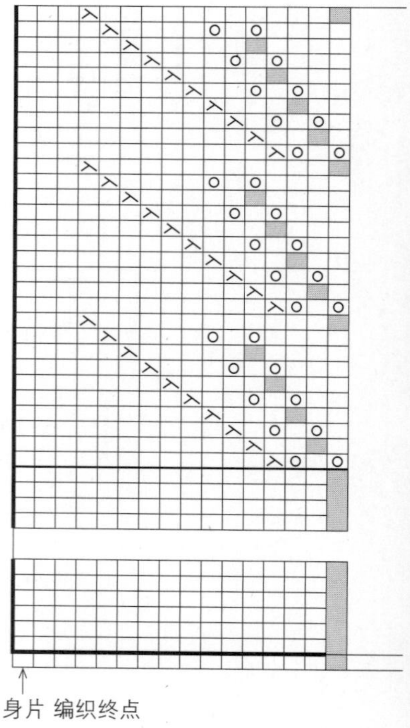

后领窝的编织方法

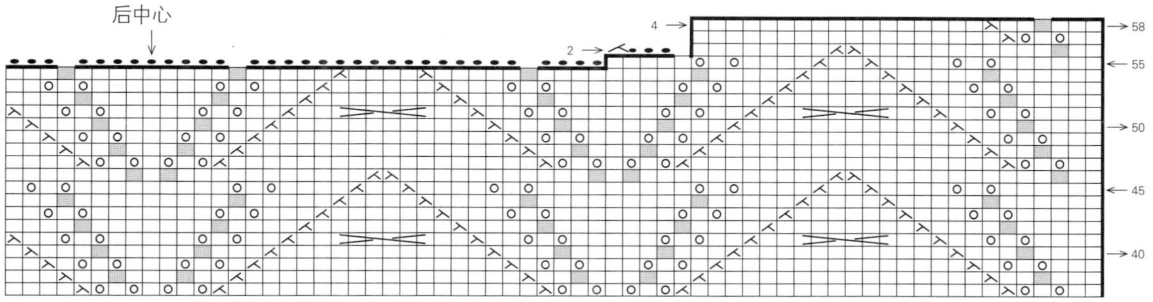

前领窝的编织方法

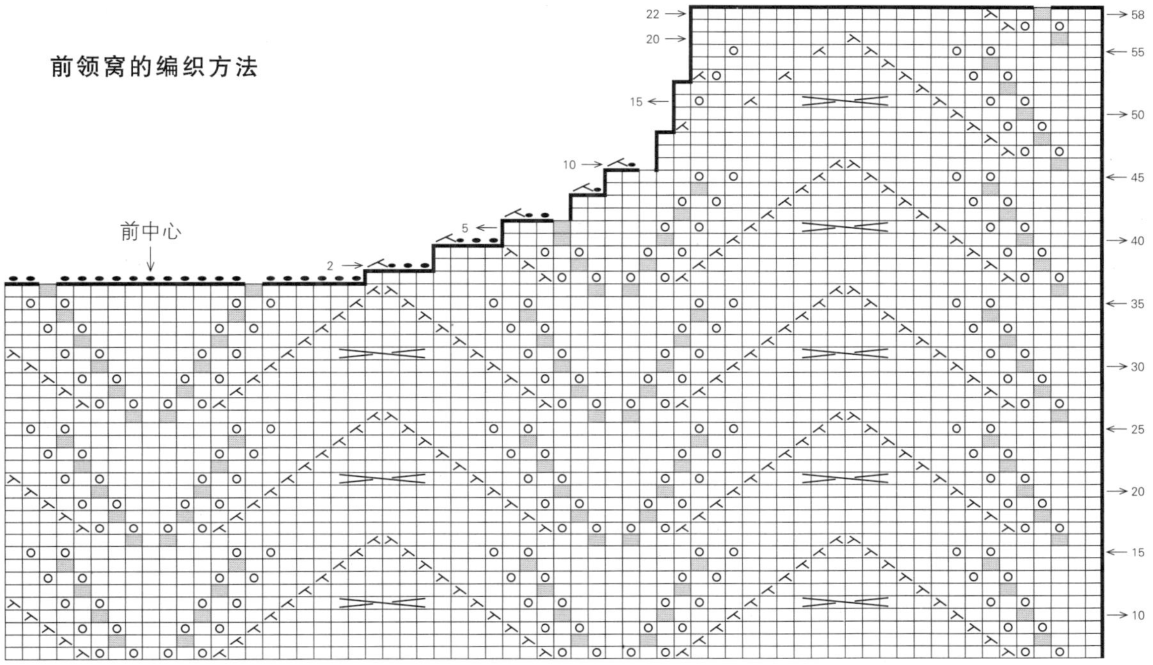

编织花样 25针10行1个花样

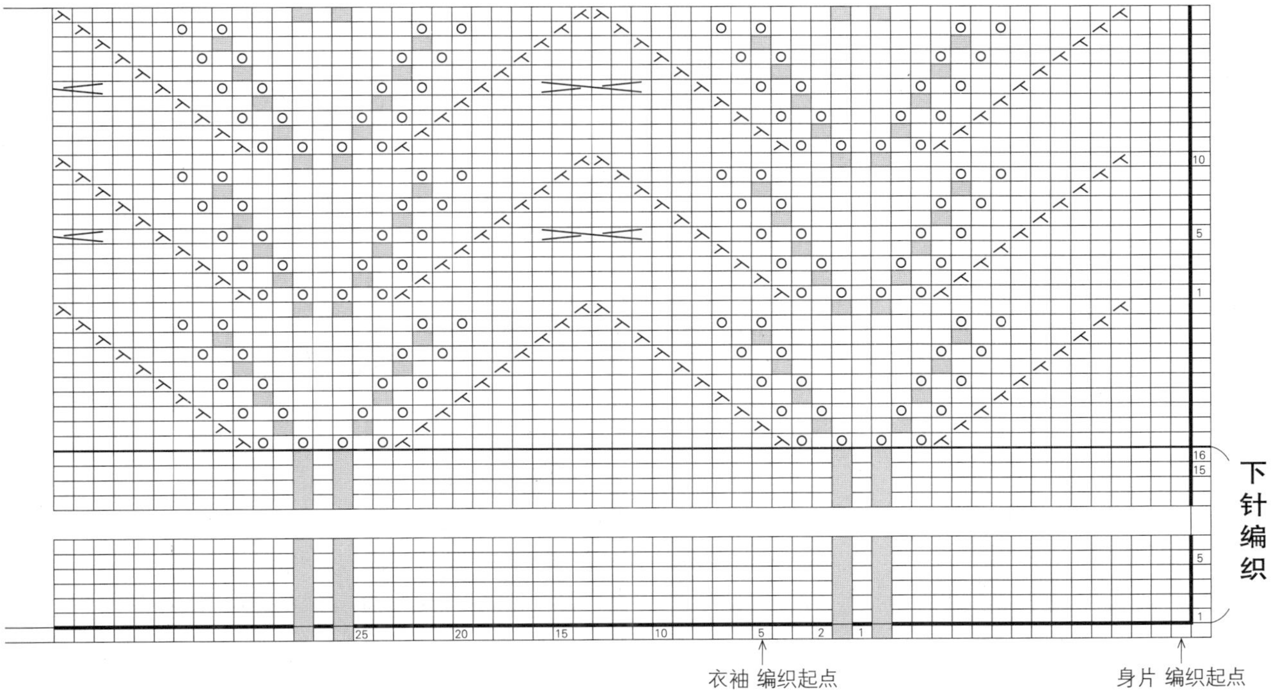

11

p.14

●**材料** Ski Linen Silk（中细）藏青色（1422）210g/9 团，直径 2cm 的纽扣 2 颗

●**工具** 棒针 4 号

●**成品尺寸** 胸围 95.5cm，衣长 49cm，连肩袖长 59cm

●**编织密度** 10cm×10cm 面积内：编织花样 A 20 针，34 行；编织花样 B 20 针，28 行

●**编织要点** 前后身片连在一起，手指起针，编织单罗纹针，做编织花样 A、B。从衣袖开口止位，前后身片分为 3 片，首先在衣袖开口止位加 1 针编织右前身片，然后编织后身片。同样加针，编织左前身片。这里需要用蒸汽熨斗熨烫一番，整理好织片。肩部做盖针接合，衣领和前门襟分别做边缘编织，最后做伏针收针。在右前门襟利用花样当作扣眼。衣袖和身片编织方法相同，做伏针收针，袖下使用毛线缝针做挑针缝合。衣袖和身片用引拔针连接。

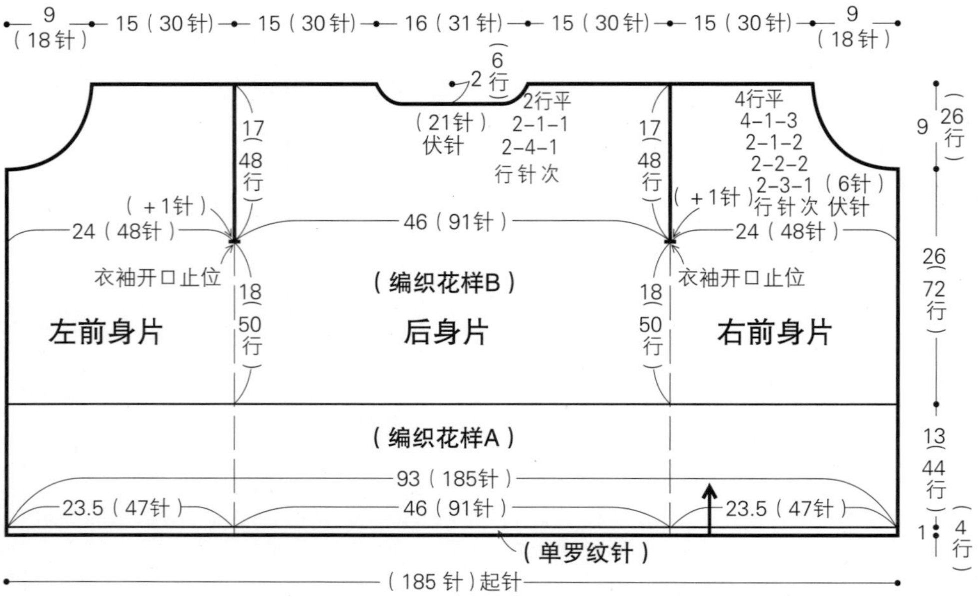

※ 全部使用4号针编织

衣领、前门襟（边缘编织）

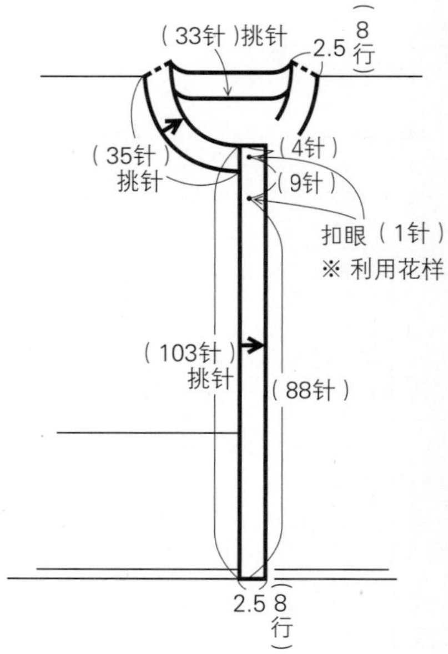

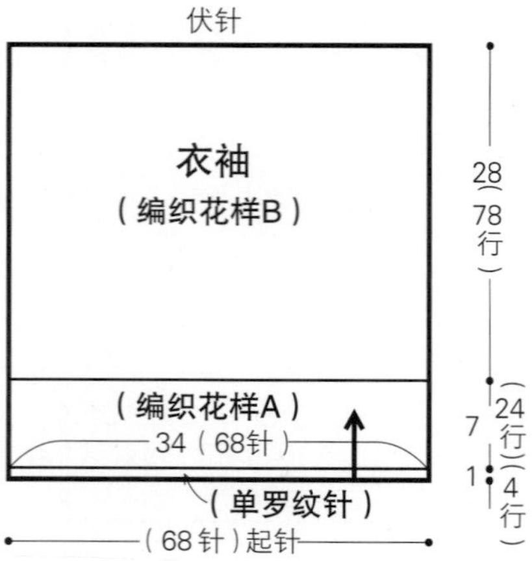

边缘编织

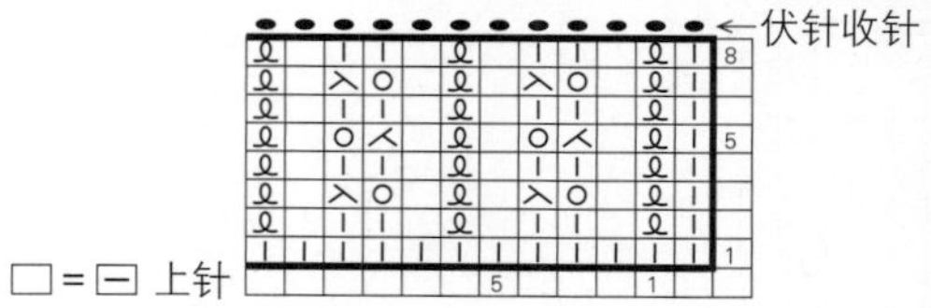

扣眼（右前门襟）

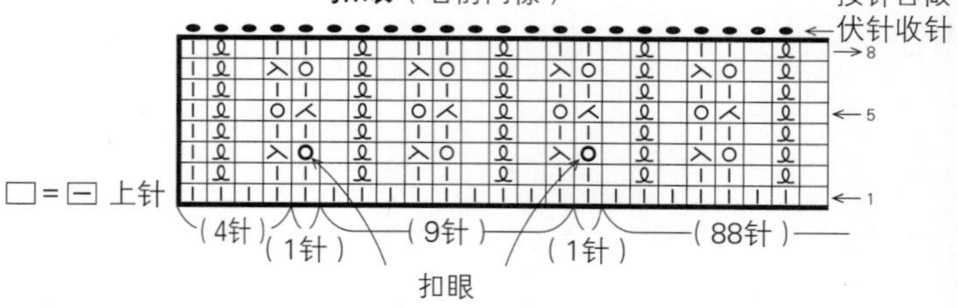

左前领窝

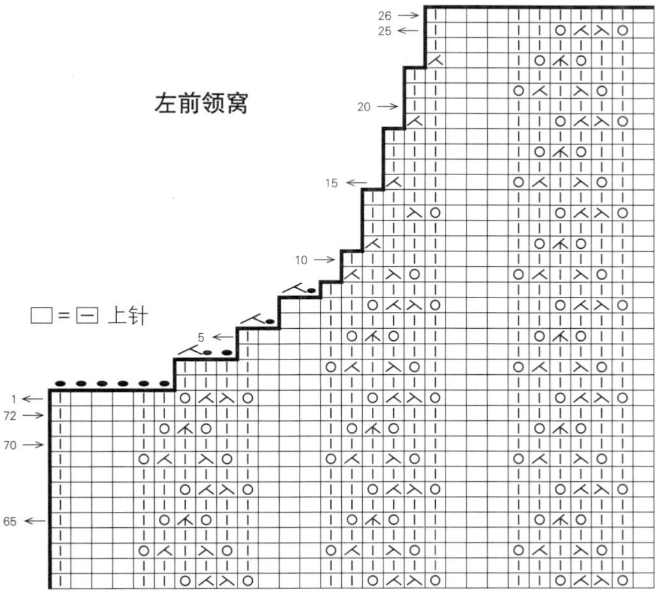

□=⊟ 上针

右前领窝

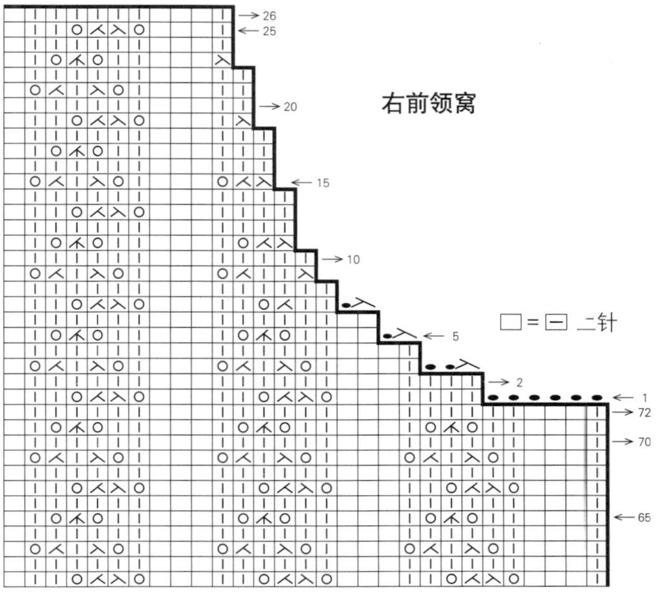

□=⊟ 二针

后领窝

□=⊟ 上针

编织花样

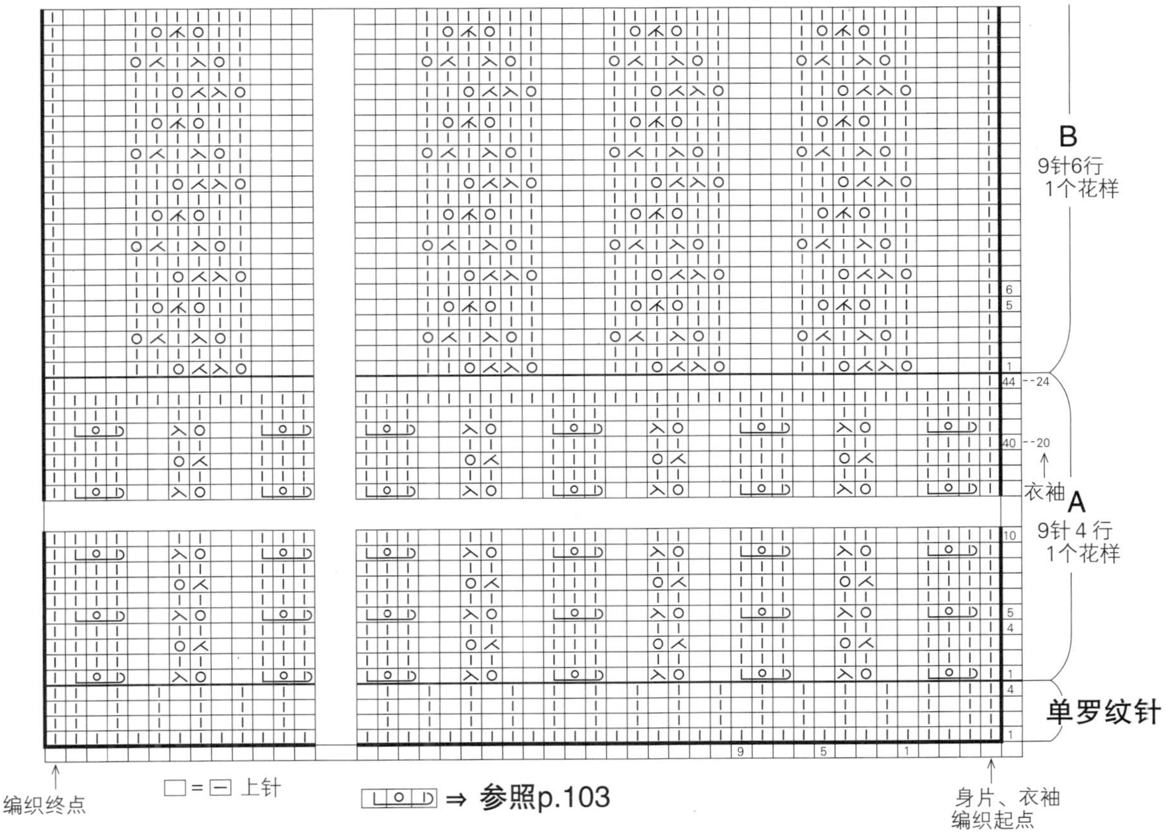

□=⊟ 上针

⇒ 参照p.103

12

p.16

●**材料** Ski Cotton Linen ~夏衣~（中细）绿色（1054）250g/9团

●**工具** 棒针4号、3号

●**成品尺寸** 胸围99cm，衣长54.5cm，连肩袖长37.5cm

●**编织密度** 10cm×10cm面积内：上针编织、编织花样A均为26针，33行

●**编织要点** 从衣领向下摆方向编织。育克手指起针160针，环形编织，参照图示分散加针。从育克挑针，分别编织前后身片，后身片需要编织差行。从育克和身片挑针，编织衣袖。下摆、袖口继续做编织花样B，编织终点做伏针收针。从领窝挑针做编织花样B，编织终点做伏针收针。胁部、袖下使用毛线缝针做挑针缝合。

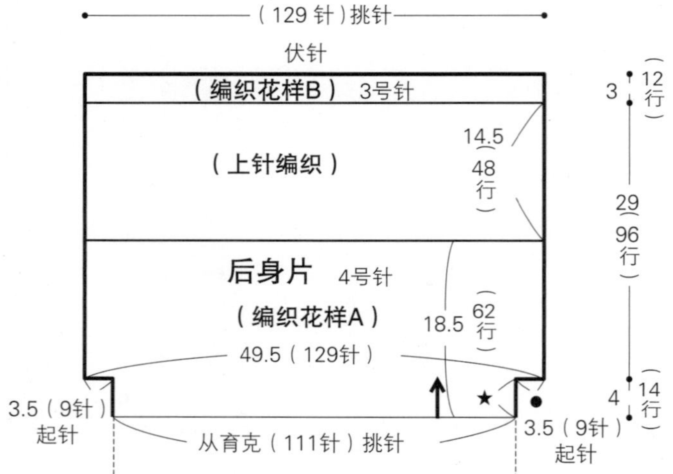

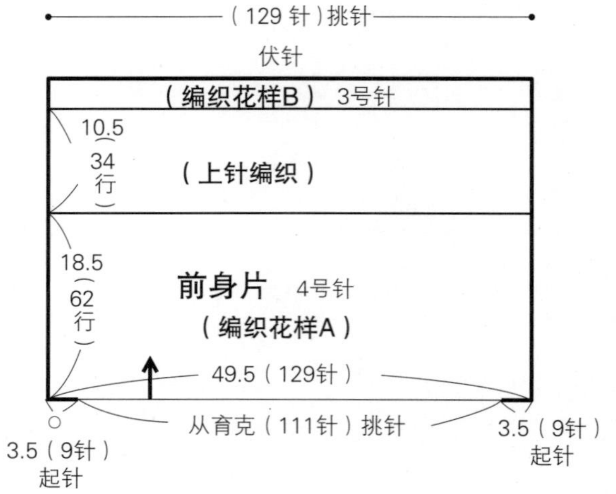

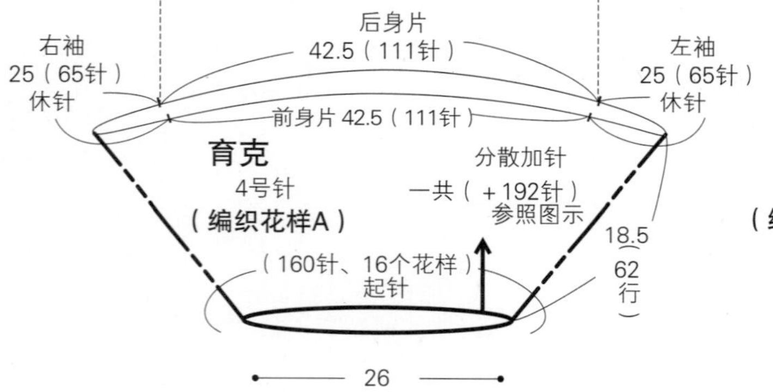

左袖

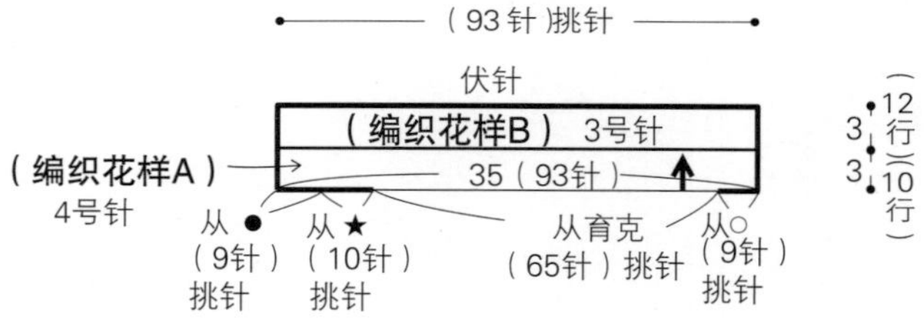

※右袖和左袖对称挑针

衣领（编织花样B）3号针

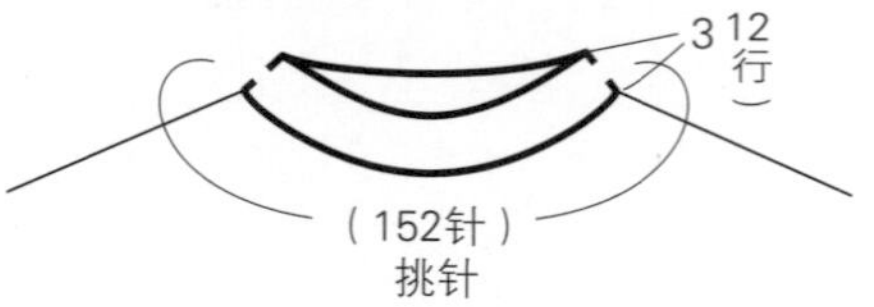

编织花样B

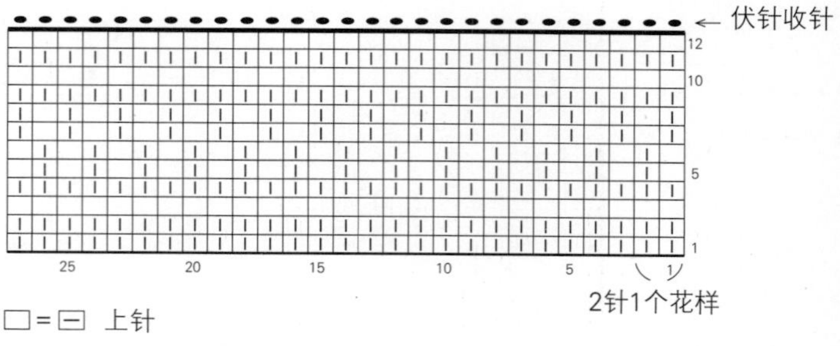

□=⊟ 上针

育克　编织花样A

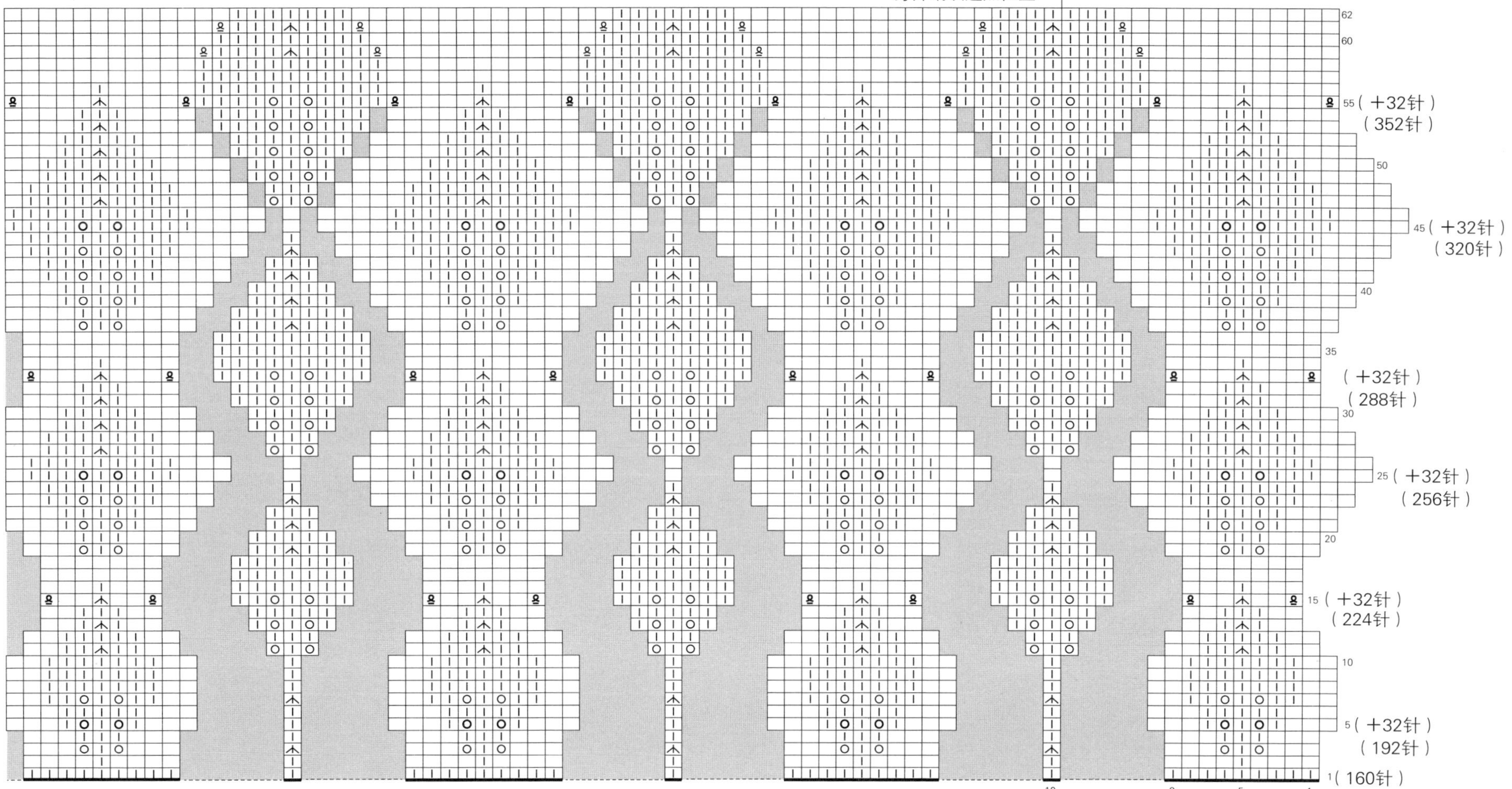

□=⊟ 上针　▒ = 无针目处

ꝋ / O = 加针位置

ꝋ = 上针的扭加针

左袖　编织花样A

右袖和左袖对称布局编织花样

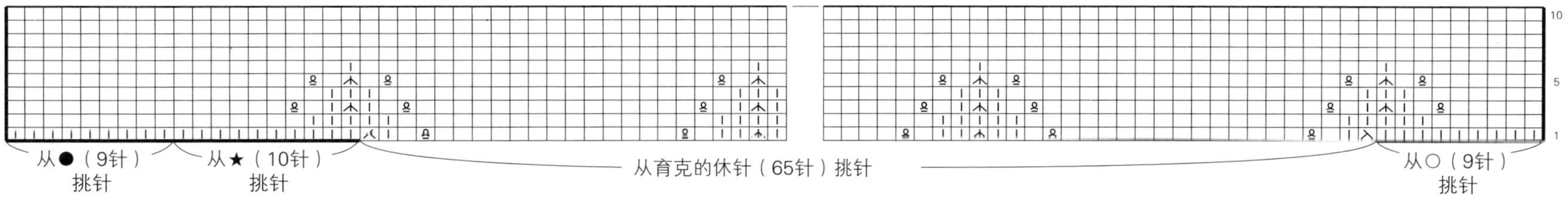

前身片

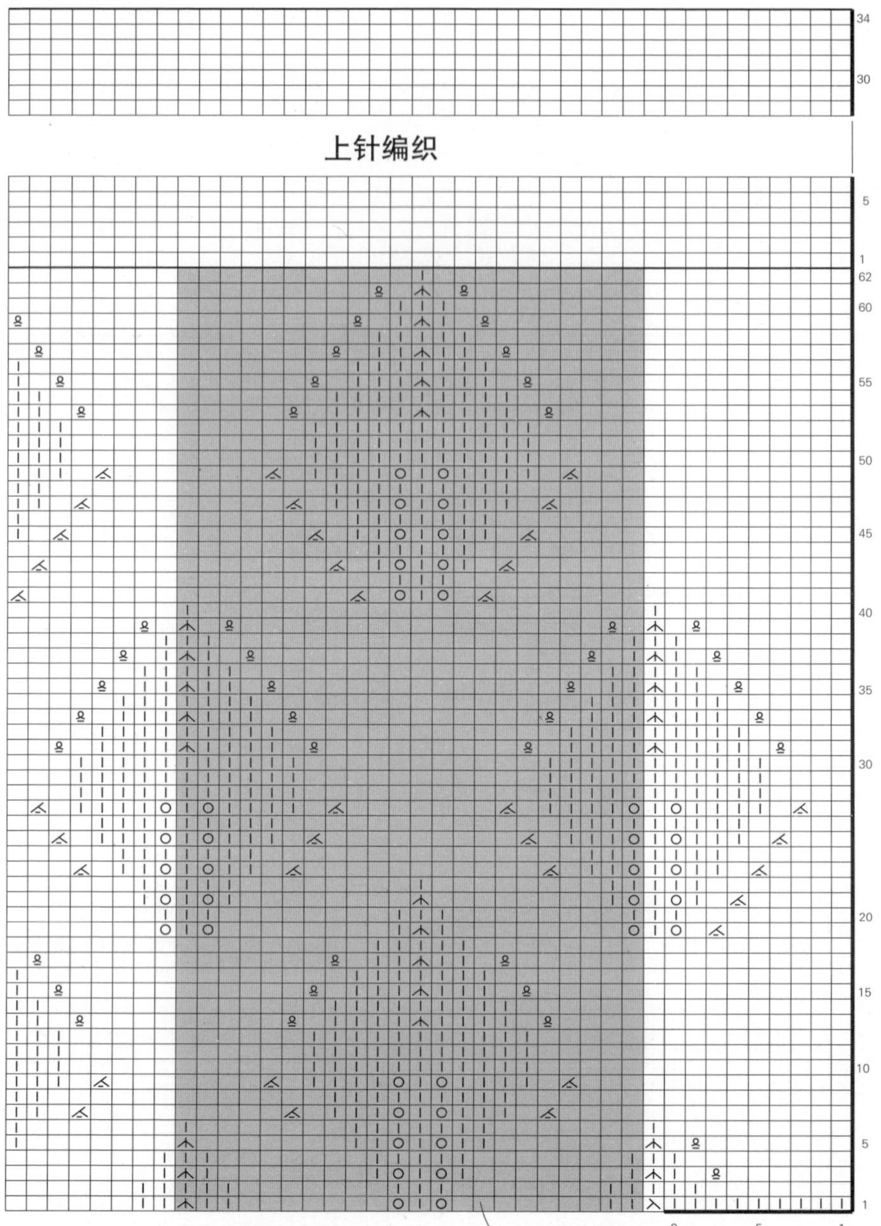

后身片

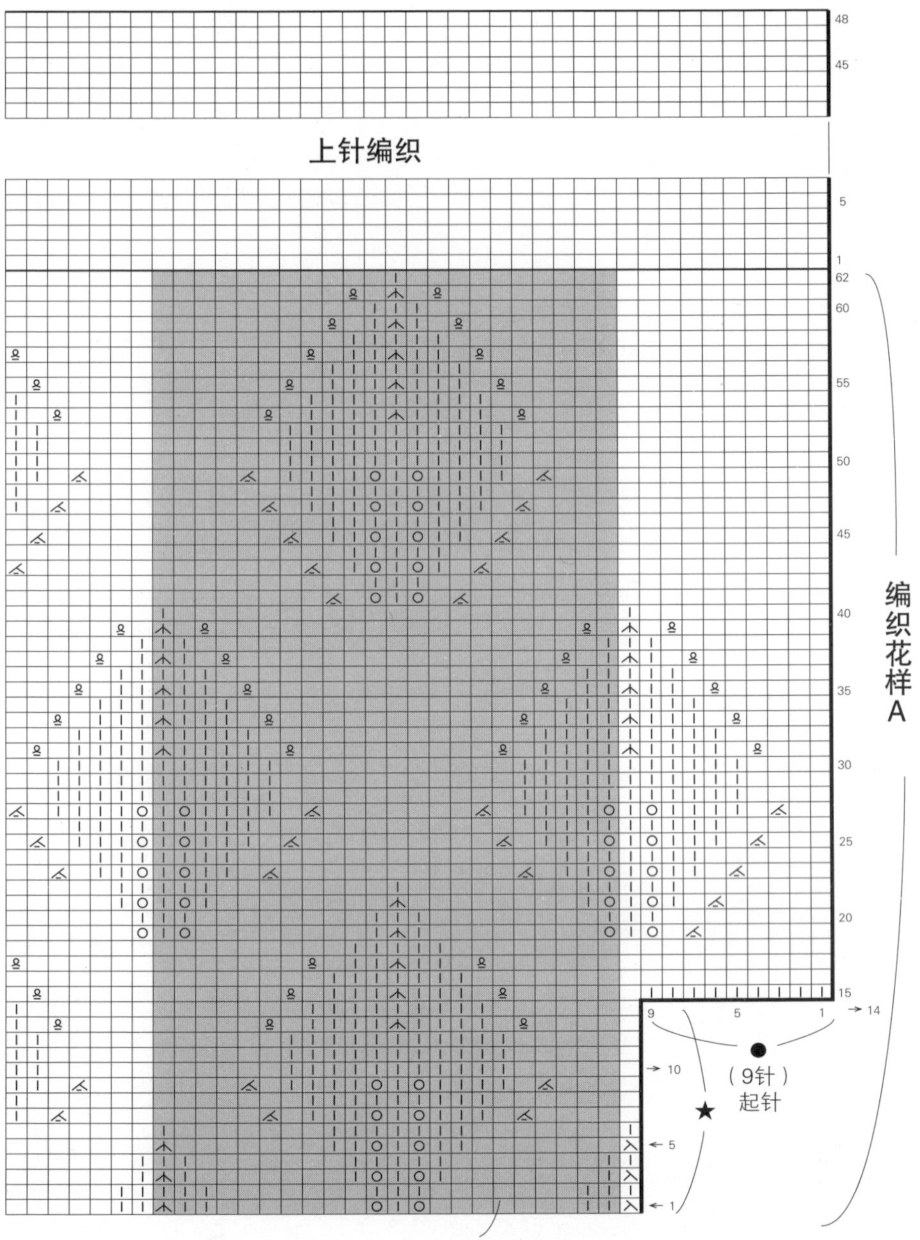

※另一侧也对称布局编织花样

□ = ⊟ 上针　　ꝸ = ꝸ 上针的扭加针

16

p.21

●**材料**　Ski Vega（粗）藏青色、紫色混合（1121）320g/13 团，直径 2.5cm 的纽扣 1 颗
●**工具**　钩针 3/0 号
●**成品尺寸**　胸围 105cm，衣长 76.5cm，连肩袖长 31cm
●**编织密度**　10cm×10cm 面积内：编织花样 27.5 针，12 行
●**编织要点**　锁针起针，挑起锁针的里山做编织花样。钩织 22 行后，参照图 1 给开衩止位加针。袖下参照图 2 加针，斜肩和后领窝参照图 3 钩织，前领窝参照图 4 钩织。肩部钩织引拔针和锁针接合。胁部钩织引拔针和锁针接合，下摆、开衩、前门襟、衣领连在一起做边缘编织。袖口也环形做边缘编织。

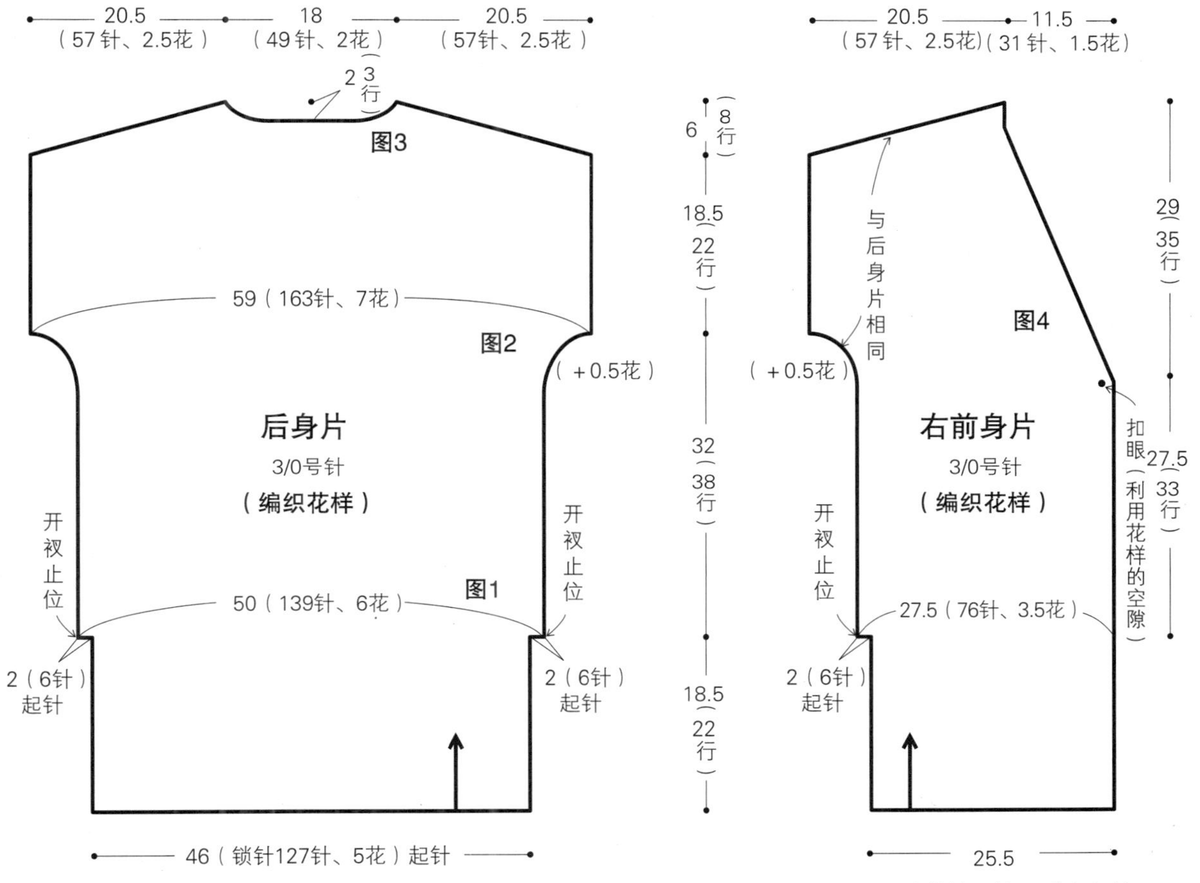

※花＝个花样

※对称编织左前身片

渡线继续钩织

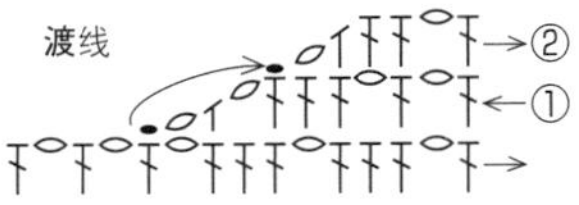

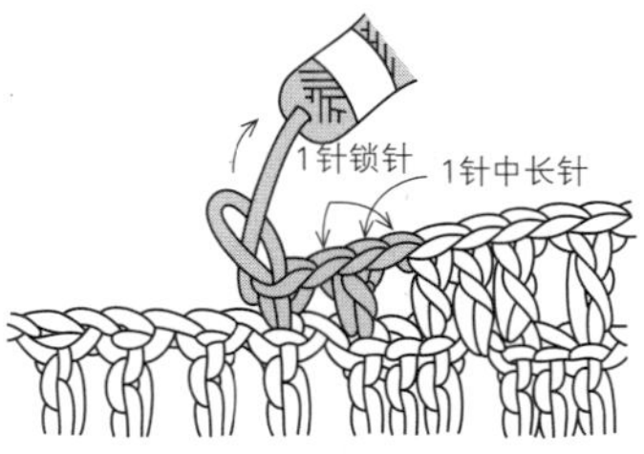

第1行最后将钩针上挂的针目拉大，穿过线团，拉紧。

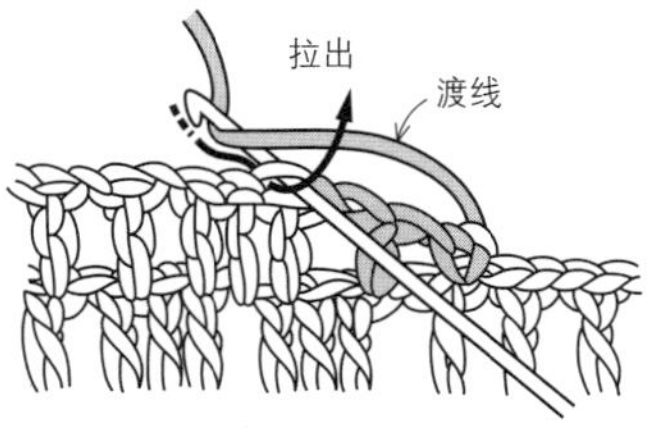

转动织片开始编织第2行。将钩针插入指定位置，挂线并拉出，继续钩织。

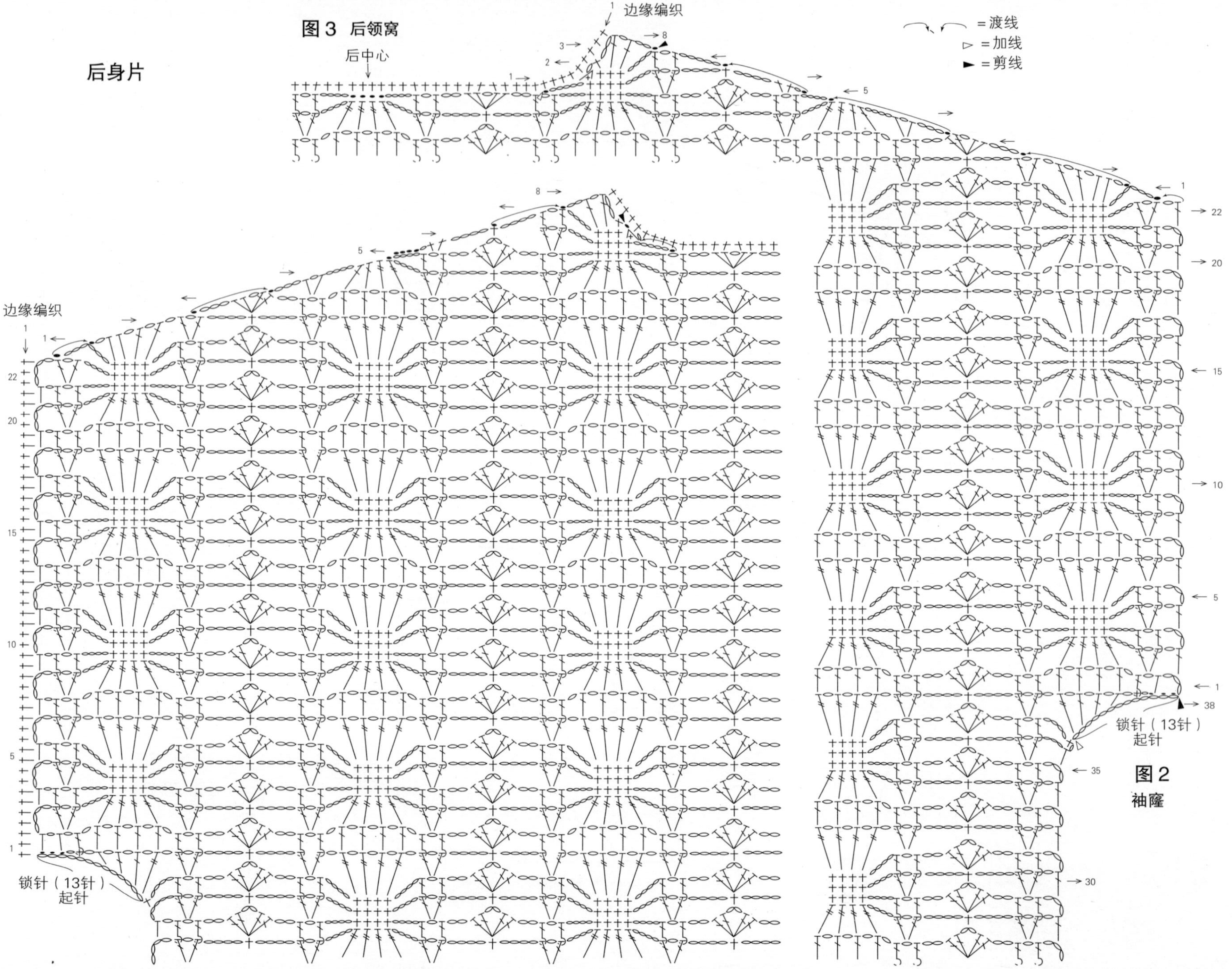

图3 后领窝

图2 袖窿

图 1

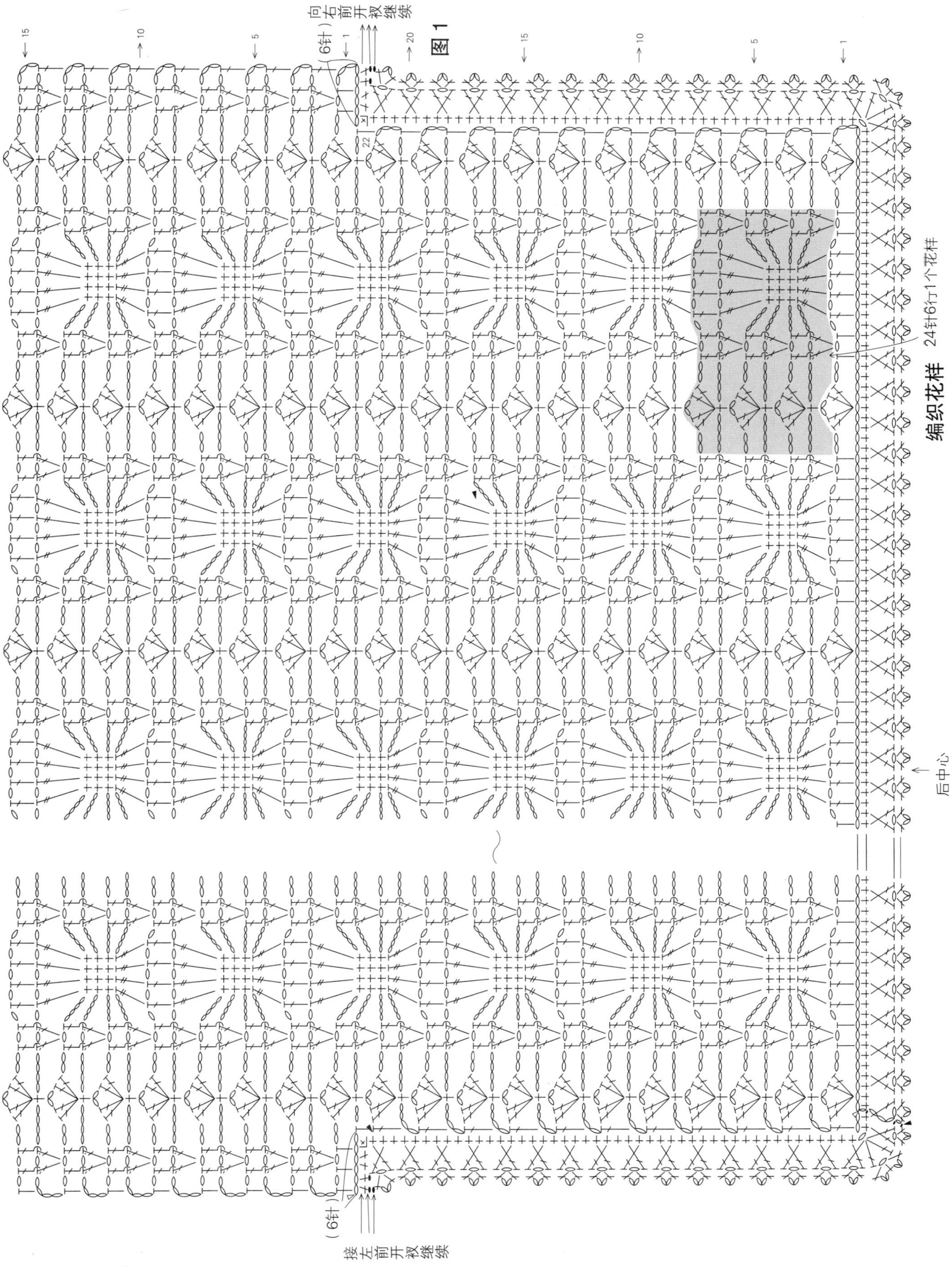

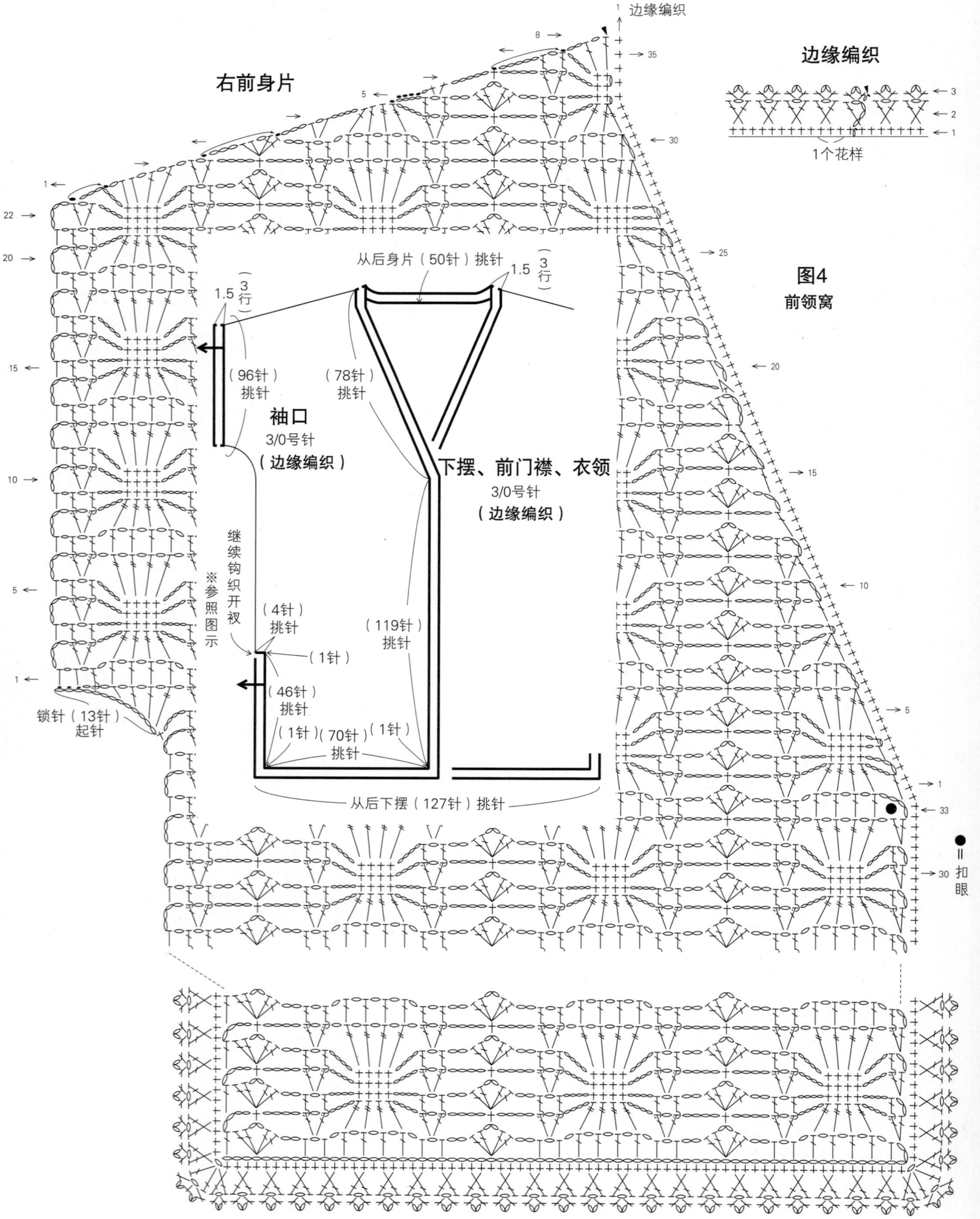

右前身片
边缘编织
1个花样
图4
前领窝
从后身片（50针）挑针
1.5（3行）
（96针）挑针
（78针）挑针
袖口
3/0号针
（边缘编织）
下摆、前门襟、衣领
3/0号针
（边缘编织）
继续钩织开衩
※参照图示
（4针）挑针
（1针）
（46针）挑针
（119针）挑针
（1针）（70针）（1针）挑针
从后下摆（127针）挑针
锁针（13针）起针
● = 扣眼

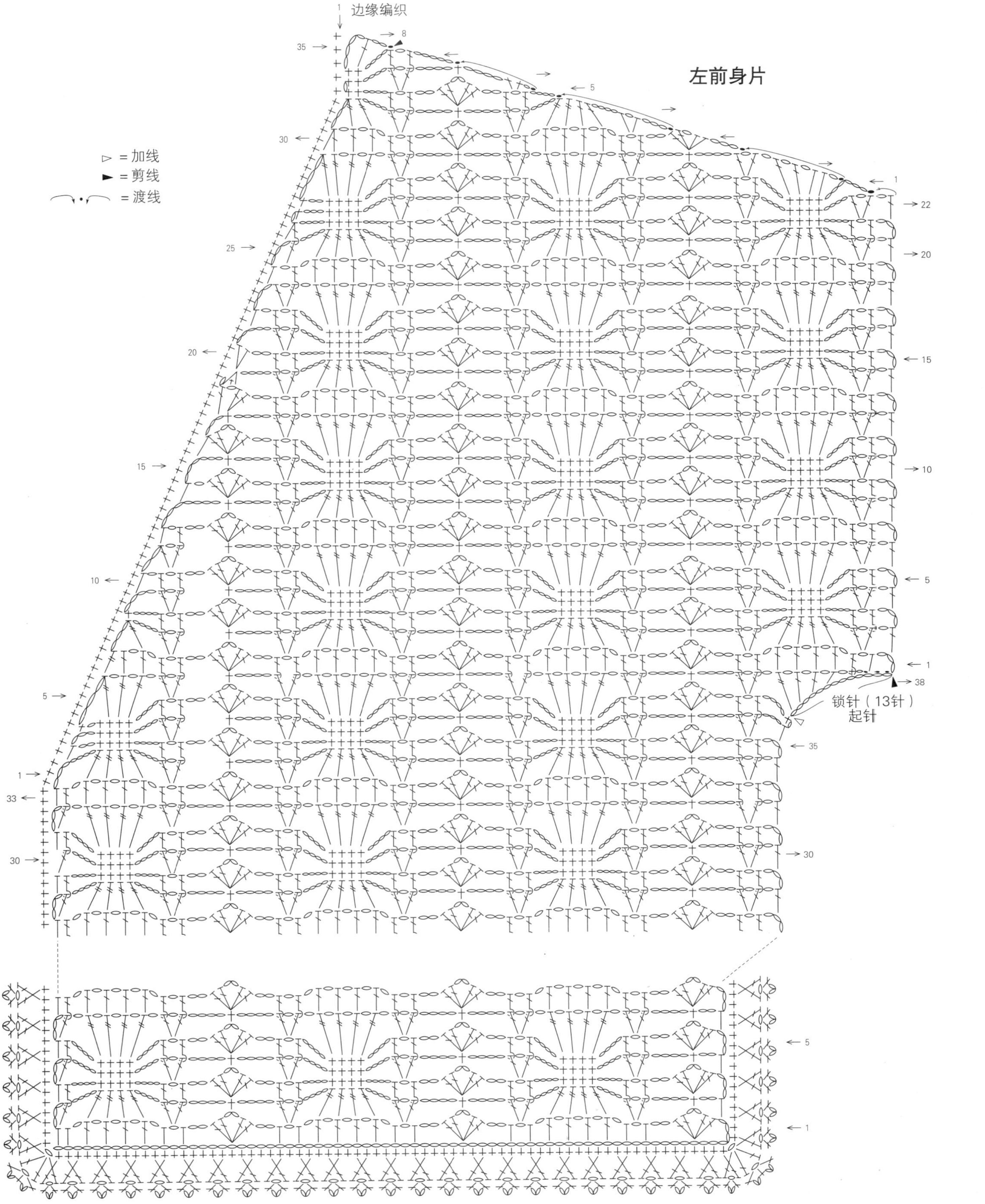
左前身片
边缘编织
▷ = 加线
► = 剪线
= 渡线
锁针（13针）
起针

13

p.17

●**材料**　Ski Supima Cotton（粗）薄荷绿色（5009）310g/11 团

●**工具**　棒针 5 号、4 号

●**成品尺寸**　胸围 98cm，肩宽 35cm，衣长 53cm，袖长 28.5cm

●**编织密度**　10cm×10cm 面积内：下针编织 25 针，32 行；编织花样 33 针，32 行

●**编织要点**　身片手指起针，编织扭针的单罗纹针，然后参照图示做下针编织和编织花样。在花样切换位置按要求加减针。袖窿和领窝减 2 针及以上时，做伏针减针；减 1 针时，立起端头 1 针减针。衣袖编织扭针的单罗纹针和下针编织，袖下在端头 1 针内侧编织扭加针。肩部做盖针接合，衣领编织扭针的单罗纹针，做伏针收针。胁部、袖下使用毛线缝针做挑针缝合。衣袖和身片钩织引拔针接合。

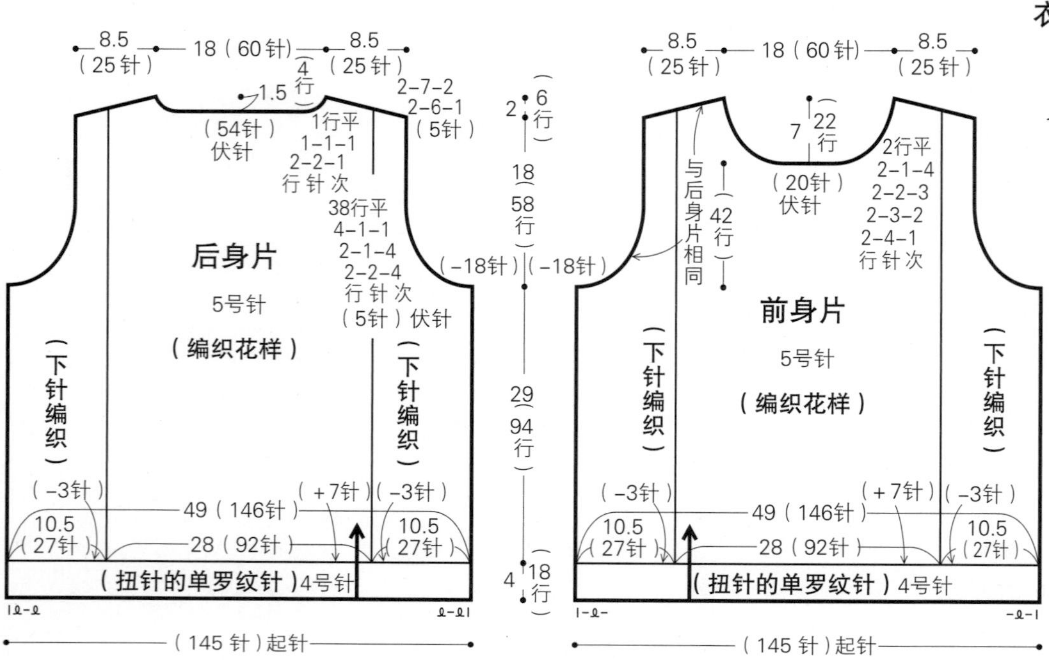

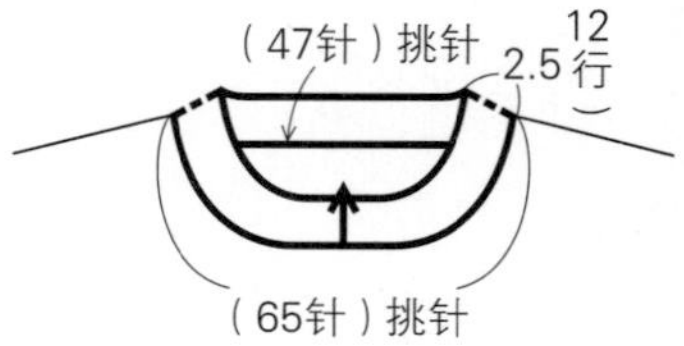

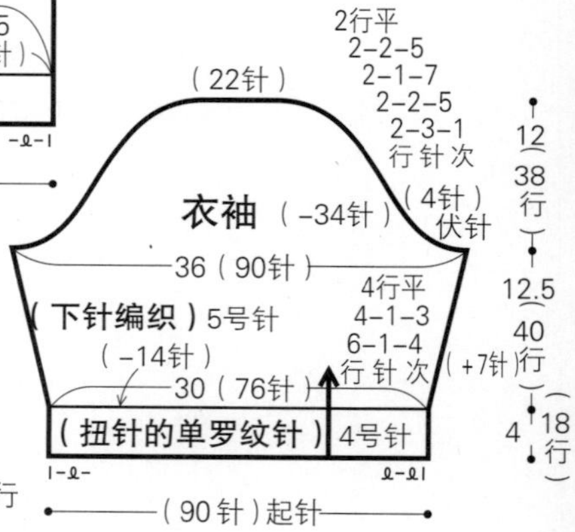

扭针的单罗纹针（衣领）

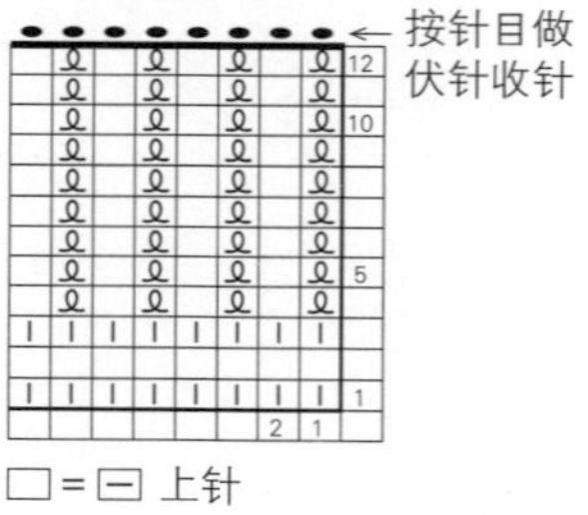

扭针的单罗纹针（下摆、袖口）

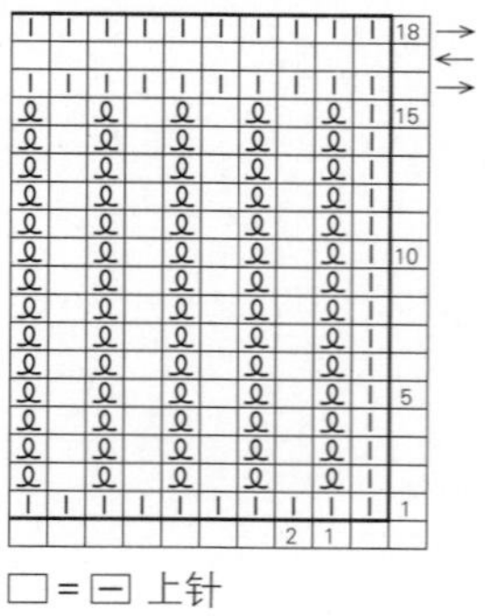

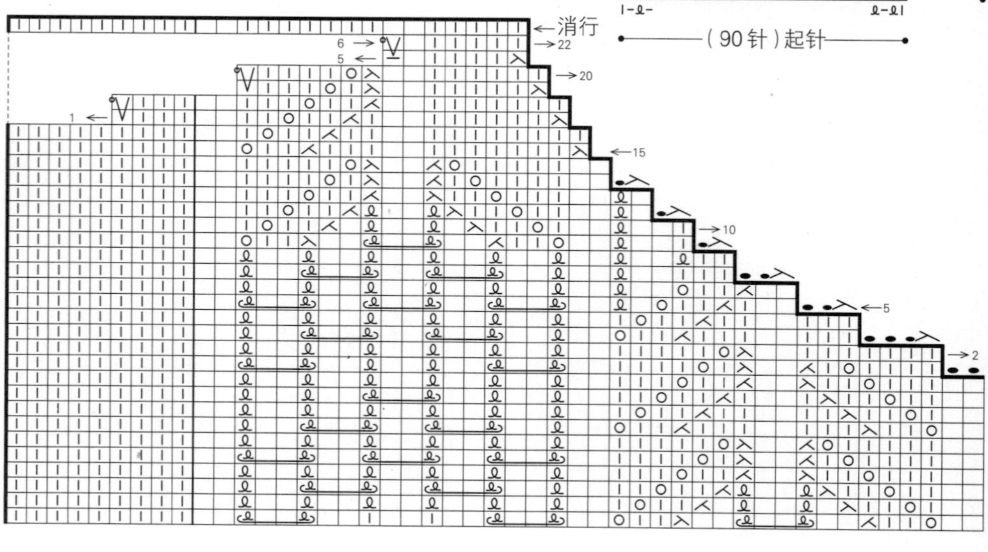

编织花样

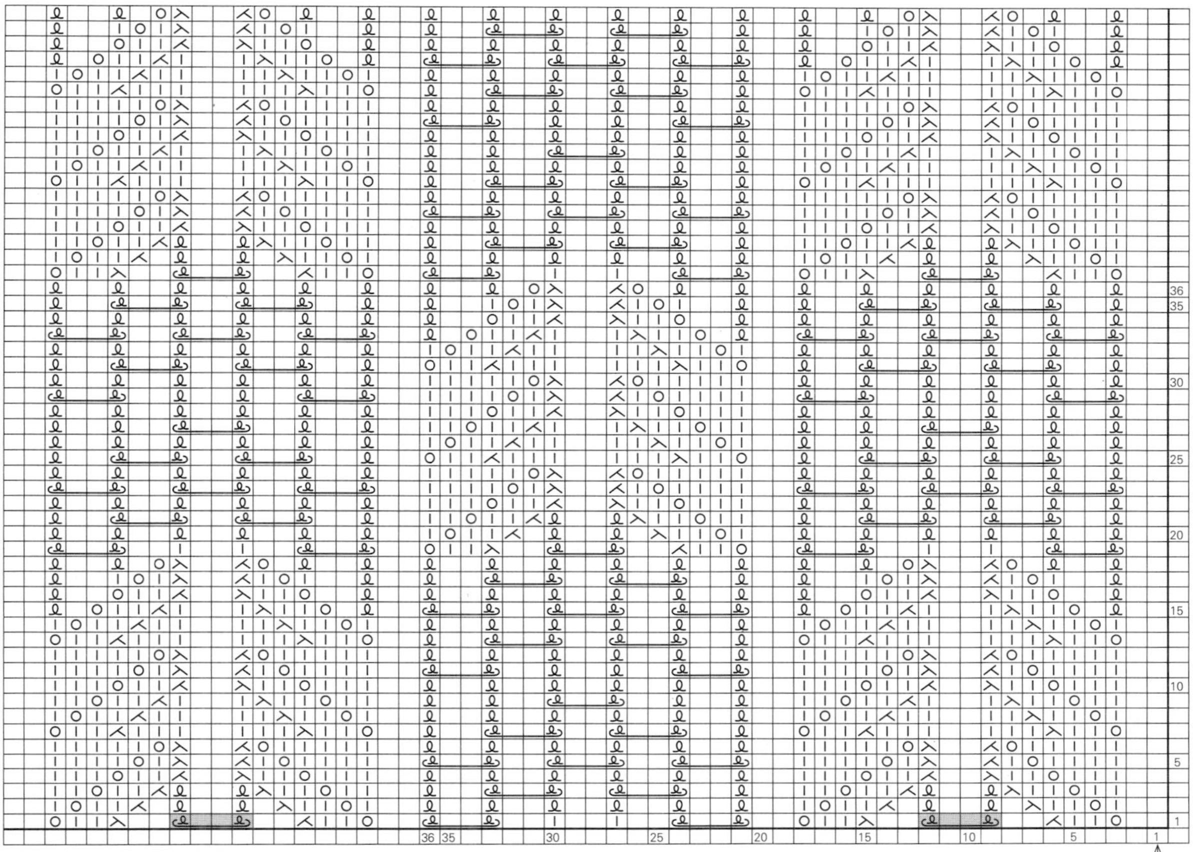

□=⊟ 上针

2卷绕线

编织起点第1行不绕线直接编织

⇒见p.103

前领窝的编织方法

□=⊟ 上针

2卷绕线

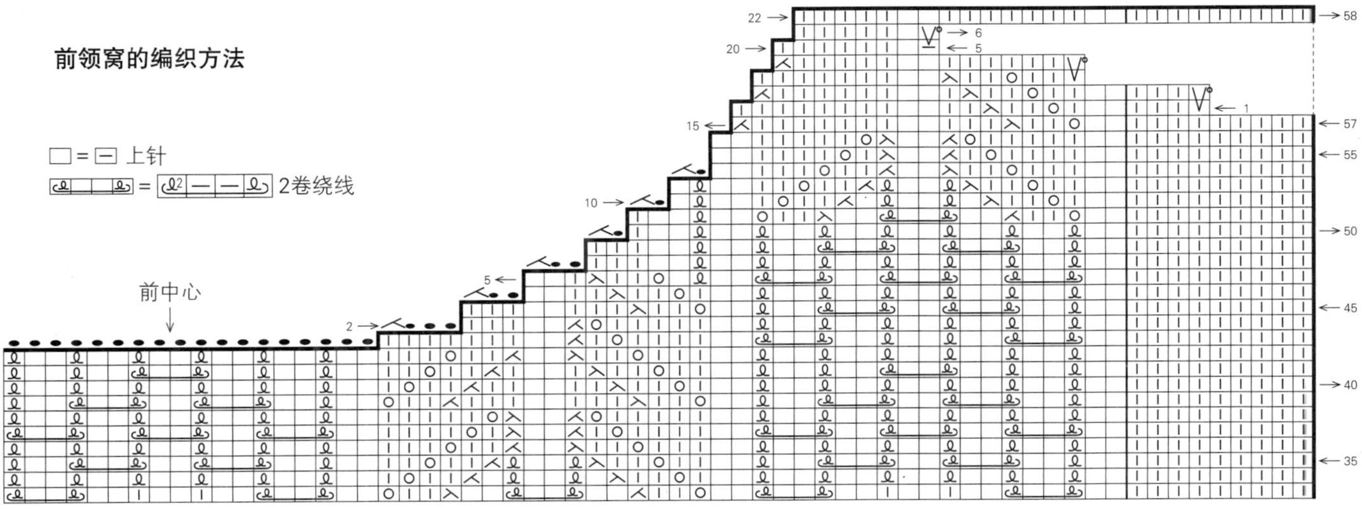

14

p.18

●材料 Ski Harugasumi（中细）蓝色系（1313）175g/6 团

●工具 棒针 4 号

●成品尺寸 胸围 94cm，衣长 55cm，连肩袖长 30cm

●编织密度 10cm×10cm 面积内：编织花样 A 23 针，31 行；编织花样 B 22.5 针，31 行

●编织要点 身片从胁部开始横向编织。另线锁针起针，按照编织花样 A 织成相同的 2 片织片，不加减针。编织终点保留针目。肩部使用毛线缝针做挑针缝合。衣袖挑针，做编织花样 B，然后做伏针收针。解开起针行的另线锁针挑针，胁部将前后身片正面相对对齐做盖针接合。袖下使用毛线缝针做挑针缝合。

编织花样A

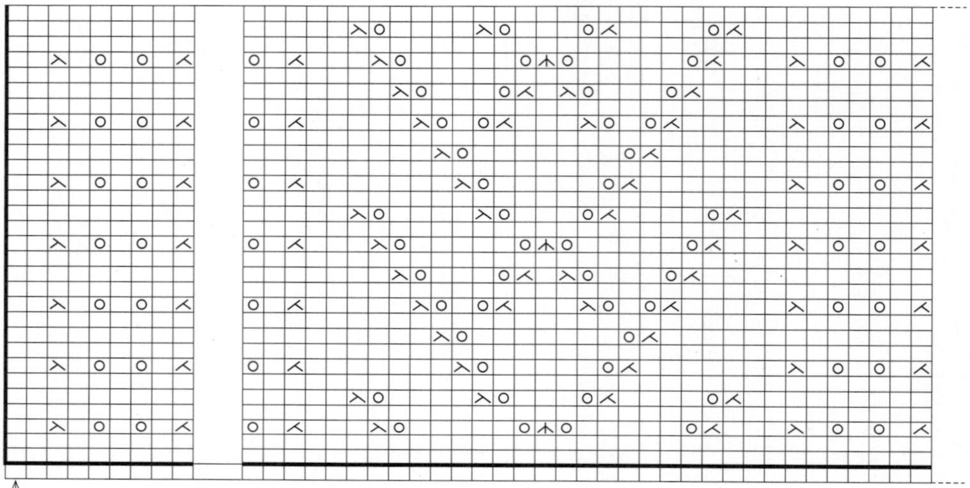

□=□ 下针

编织终点

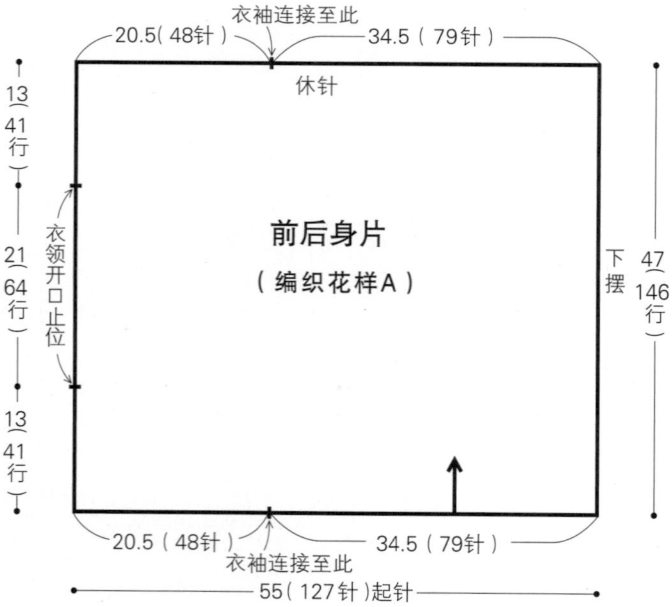

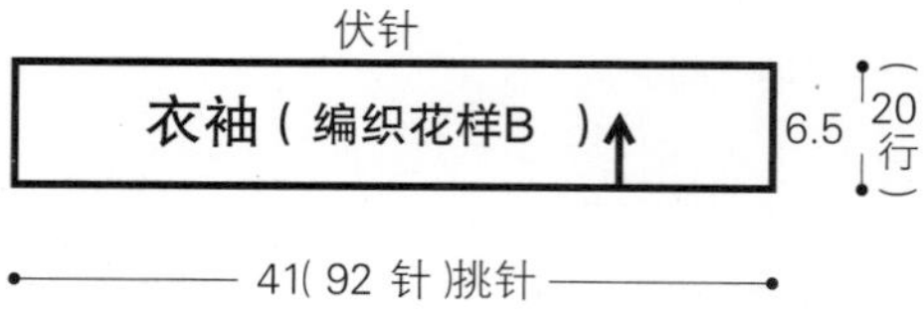

※ 全部使用4号针编织

编织花样B和从身片挑针的方法（衣袖）

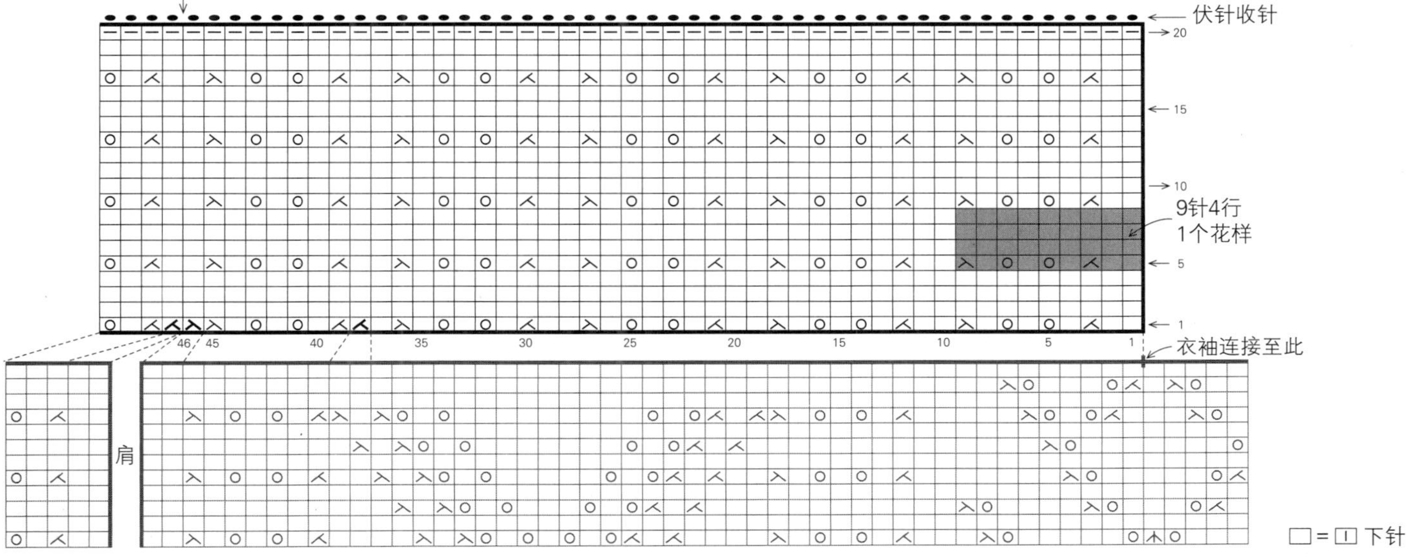

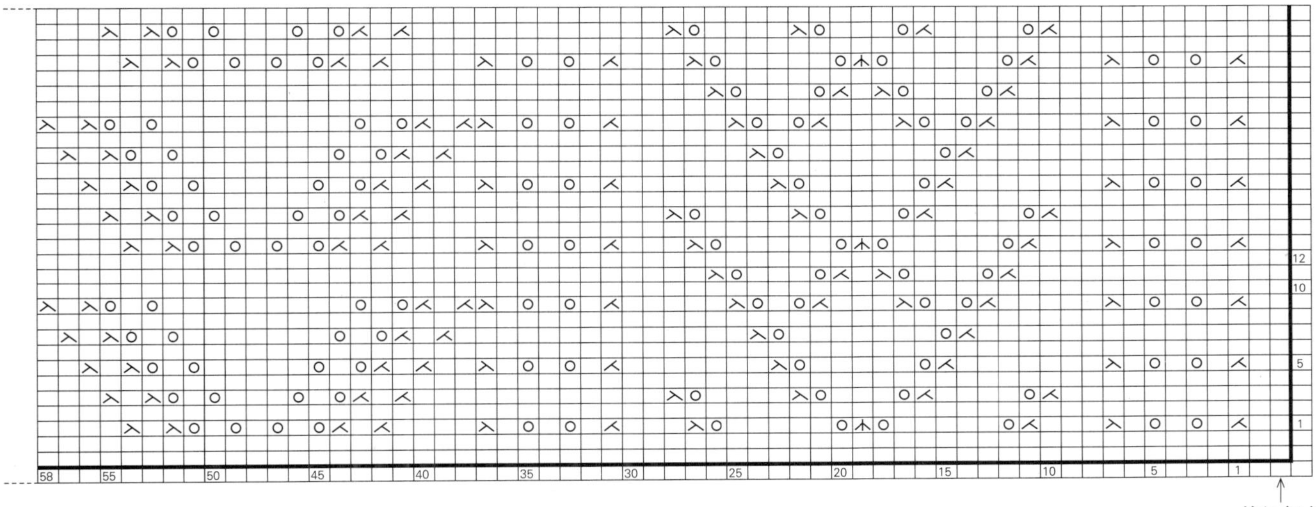

盖针接合

①

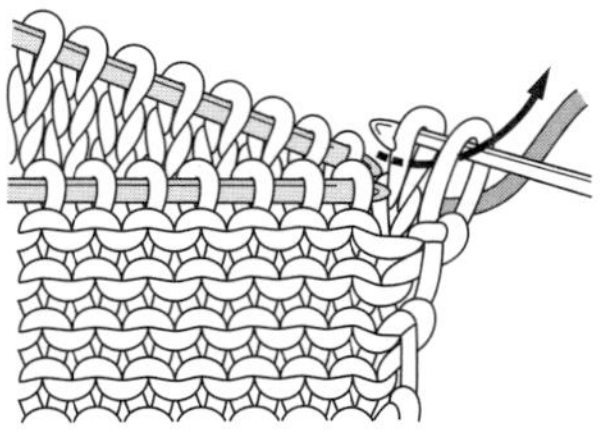

将织片正面相对对齐，端头2针移到钩针上，将后一针从前一针中拉出。

②

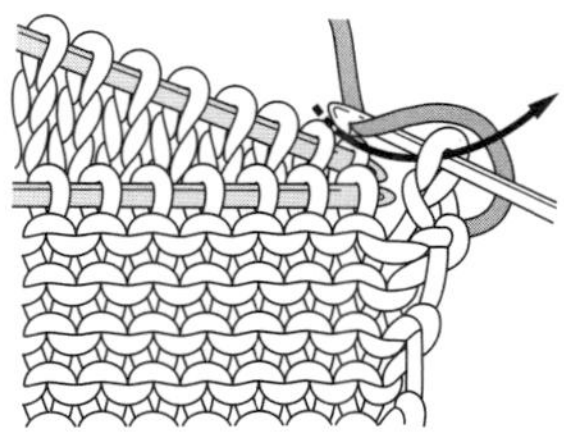

挂线，从刚才的针目中引拔出。

③

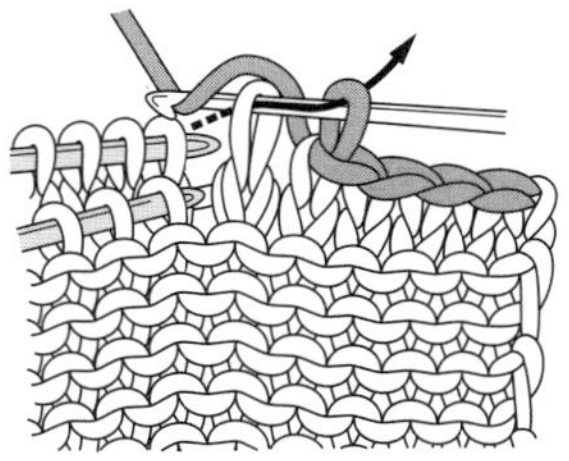

按照步骤①、②的要领继续钩织引拔针。

④

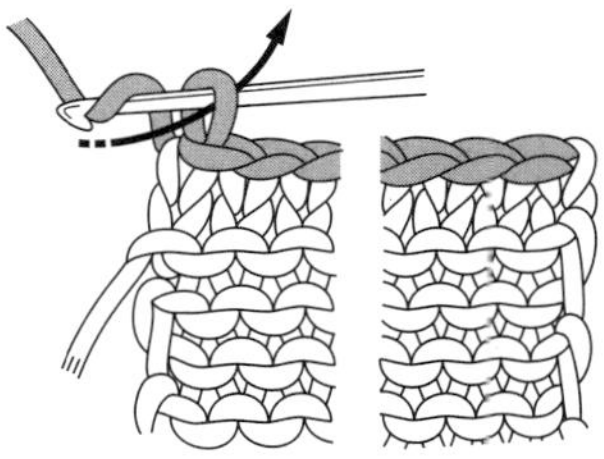

终点将线头引拔收紧。

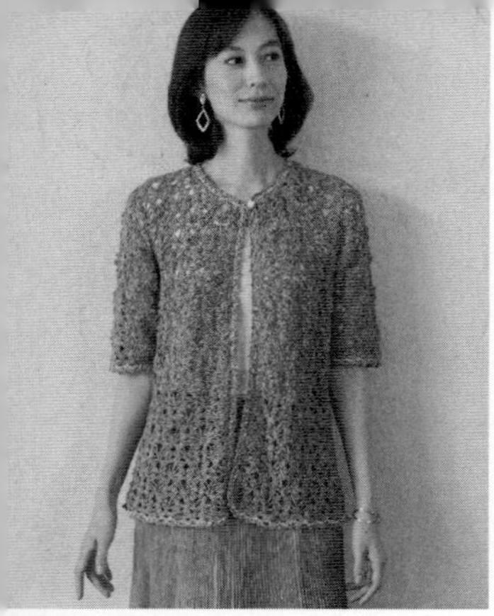

17

p.22

●**材料** Ski Harugasumi（中细）绿松石色 + 粉色（1315）300g/10 团，Ski Elise（中细）银色（101）20g/1 团；直径 1cm 的纽扣 1 颗

●**工具** 钩针 5/0 号、4/0 号、6/0 号

●**成品尺寸** 胸围 98cm，肩宽 36cm，衣长 59cm，袖长 28cm

●**编织密度** 编织花样 1 个花样 6cm，10cm10 行

●**编织要点** 后身片用 6/0 号针钩织罗纹绳起针，然后换 5/0 号针挑起锁针 2 根线，做编织花样。袖窿第 20 行钩织锁针让肩部变得平整。前身片按照后身片的方法钩织，最终行和后身片的肩部正面相对对齐，钩织引拔针连接起来。衣袖参照图 4、图 5 钩织。胁部钩织引拔针和锁针到开衩止位。条纹边缘 A 从右前下摆的胁部开始钩织，然后依次钩织右前门襟、衣领、左前门襟、左前下摆，第 5 行在右前领角编织纽襻，休针。后身片也在下摆钩织条纹边缘 A，第 5 行继续钩织右开衩。用休针的线接着在左开衩钩织边缘编织 B。袖下钩织锁针接合，袖口环形钩织条纹边缘 A。衣袖和身片用引拔针和锁针连接。

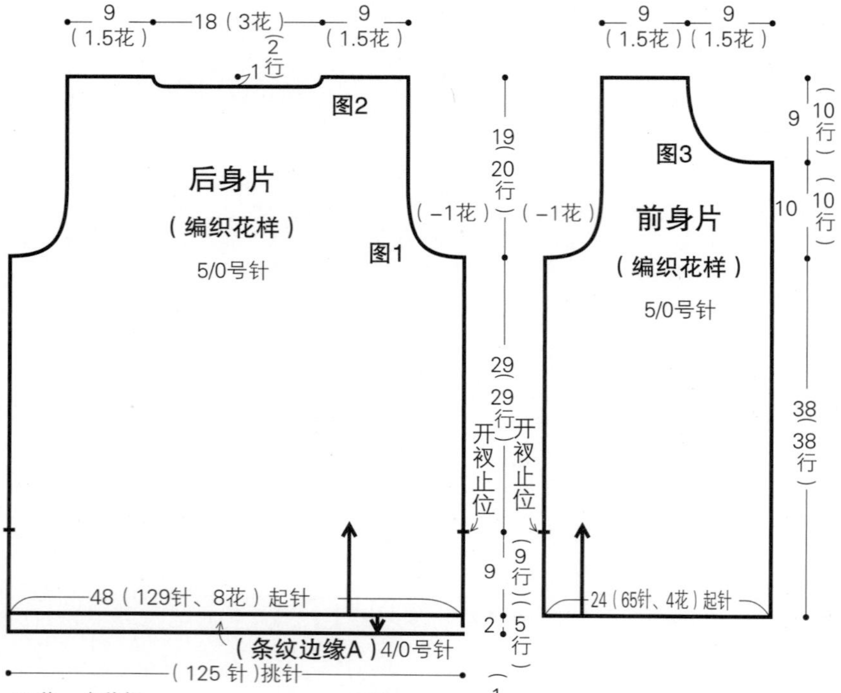

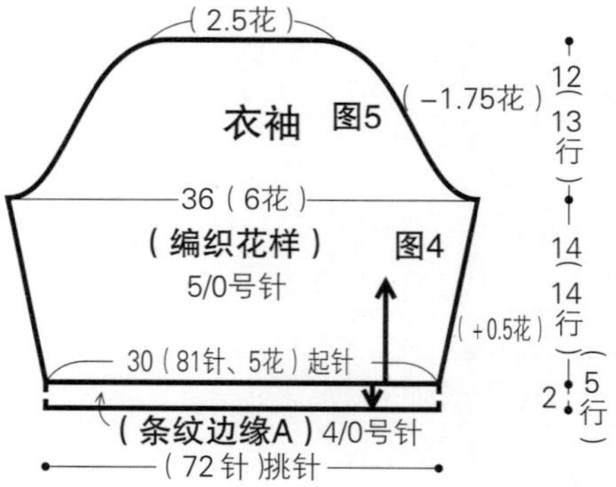

※ 花 = 个花样

※ 除指定以外均用Harugasumi线钩织

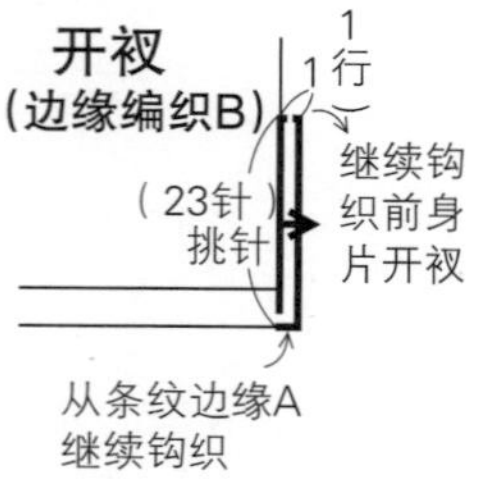

衣领、前门襟、下摆（条纹边缘A）4/0号针

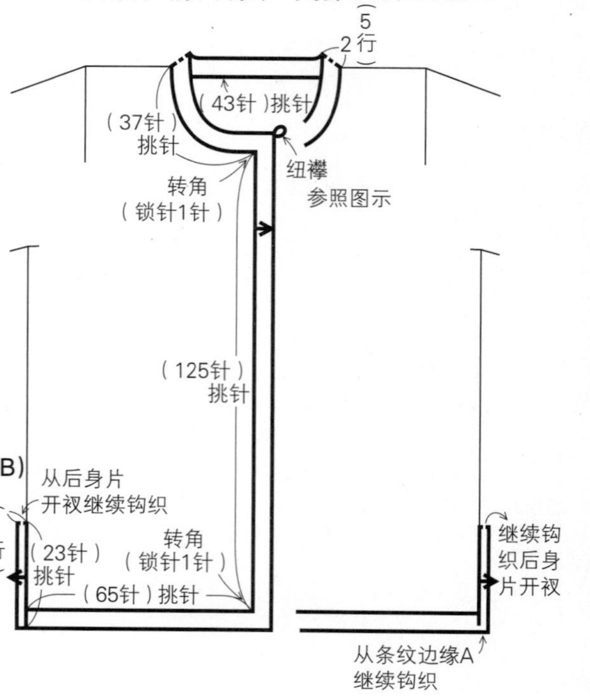

边缘编织B（开衩）Harugasumi

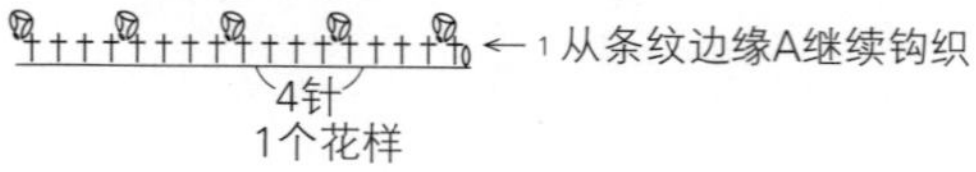

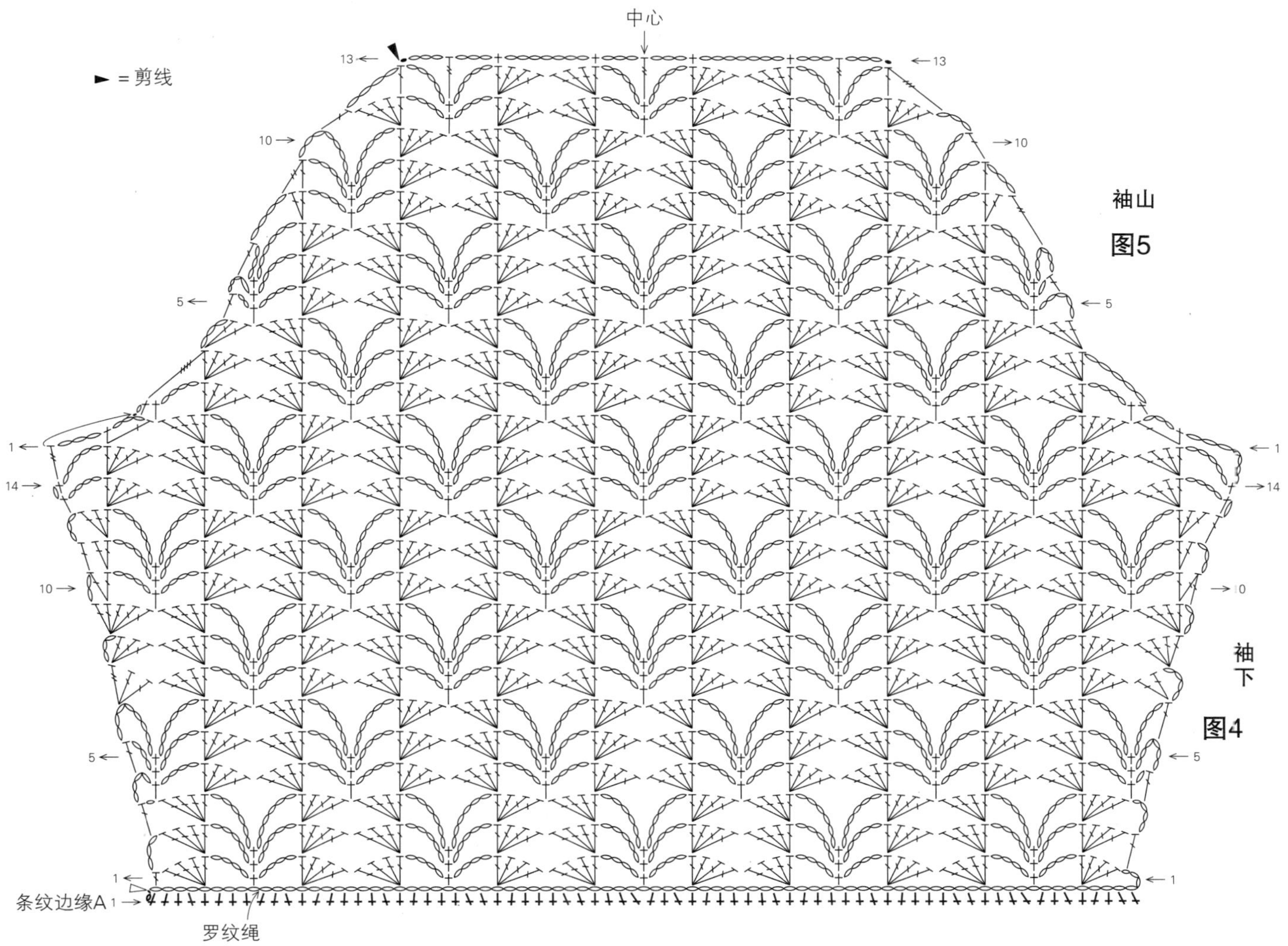

罗纹绳 ⇒ 见p.78

条纹边缘A（袖口）

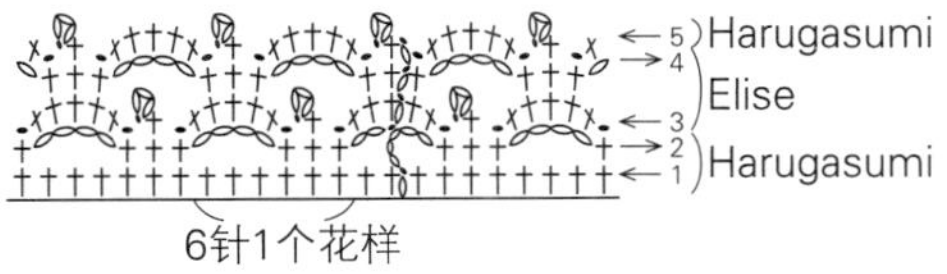

条纹边缘A（下摆）

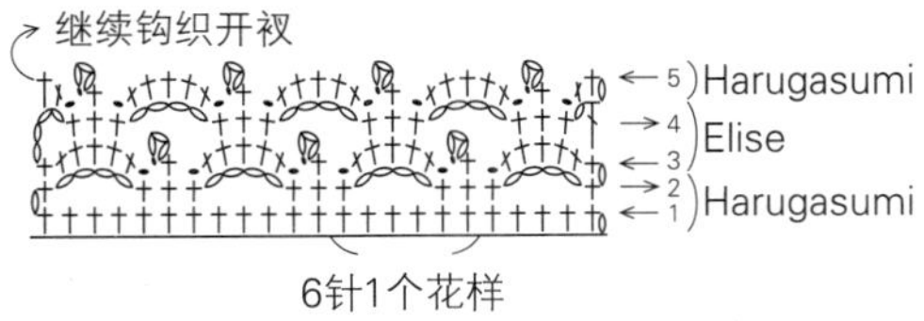

编织花样

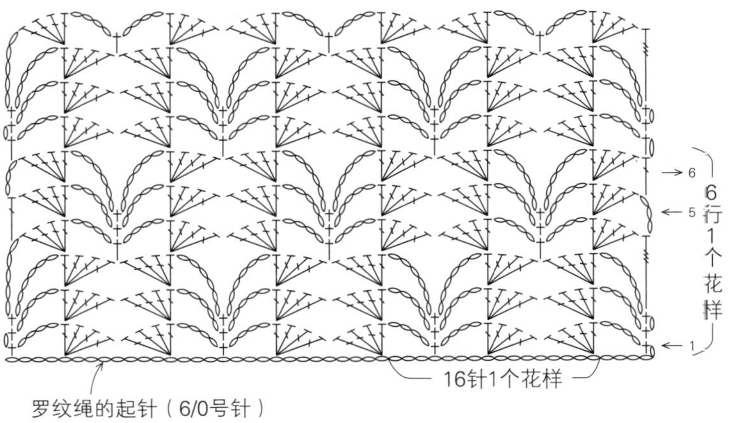

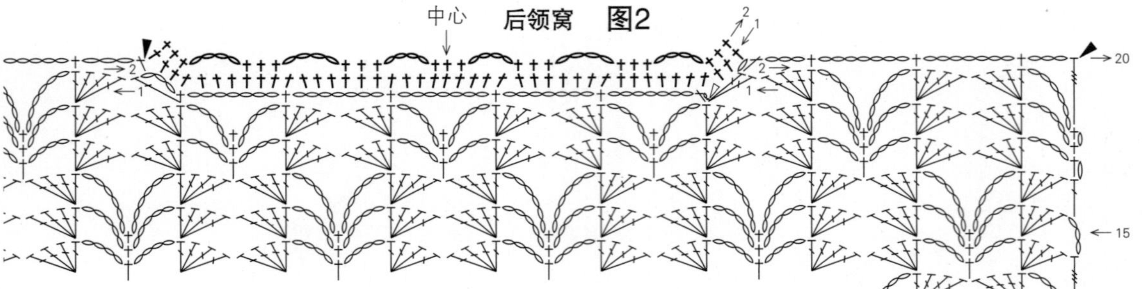

中心
后领窝 图2

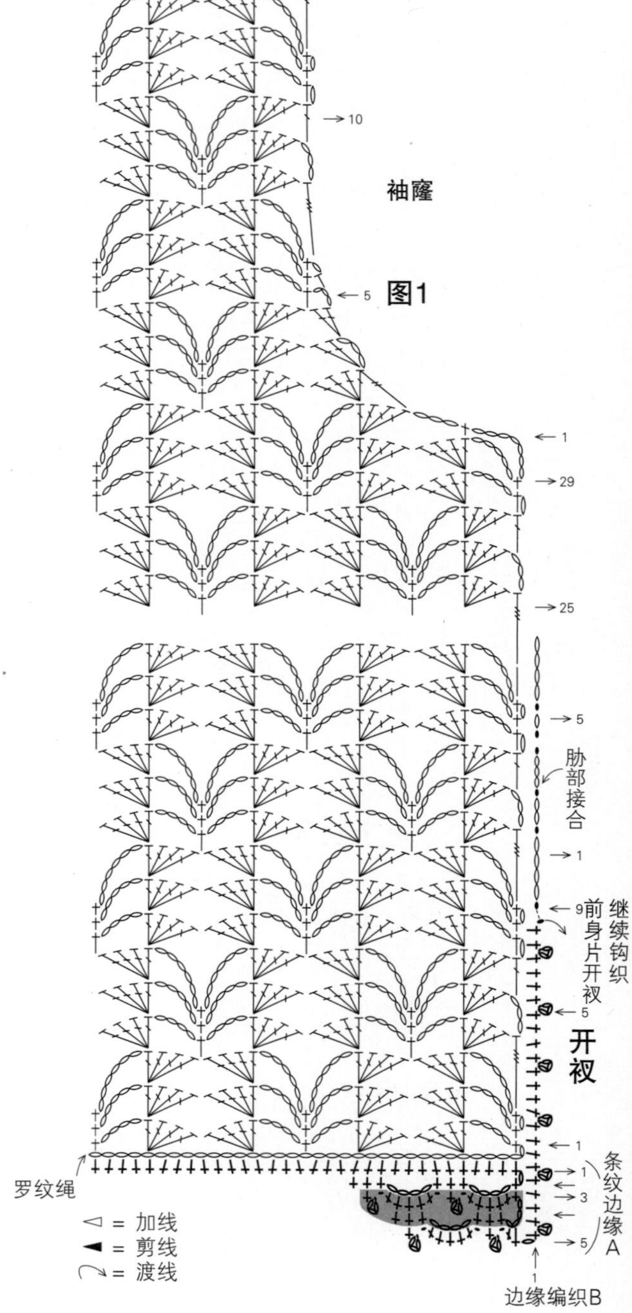

袖窿
图1
肋部接合
继续钩织前身片开衩
开衩
罗纹绳
条纹边缘A
边缘编织B
◁ = 加线
◀ = 剪线
⤻ = 渡线

罗纹绳

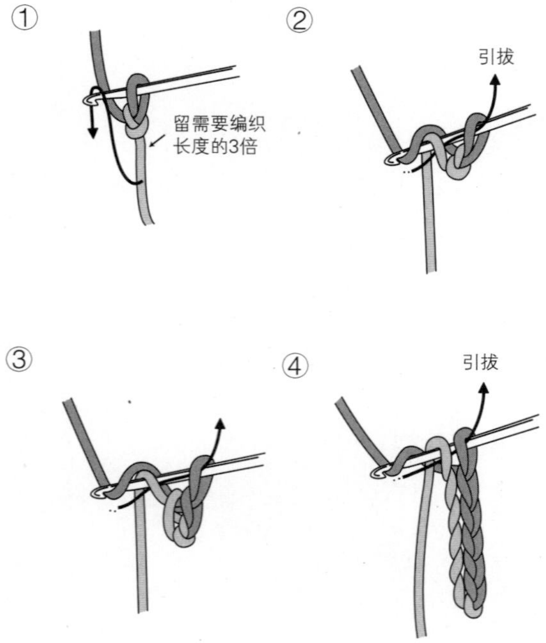

①
留需要编织长度的3倍
②
引拔
③
④
引拔

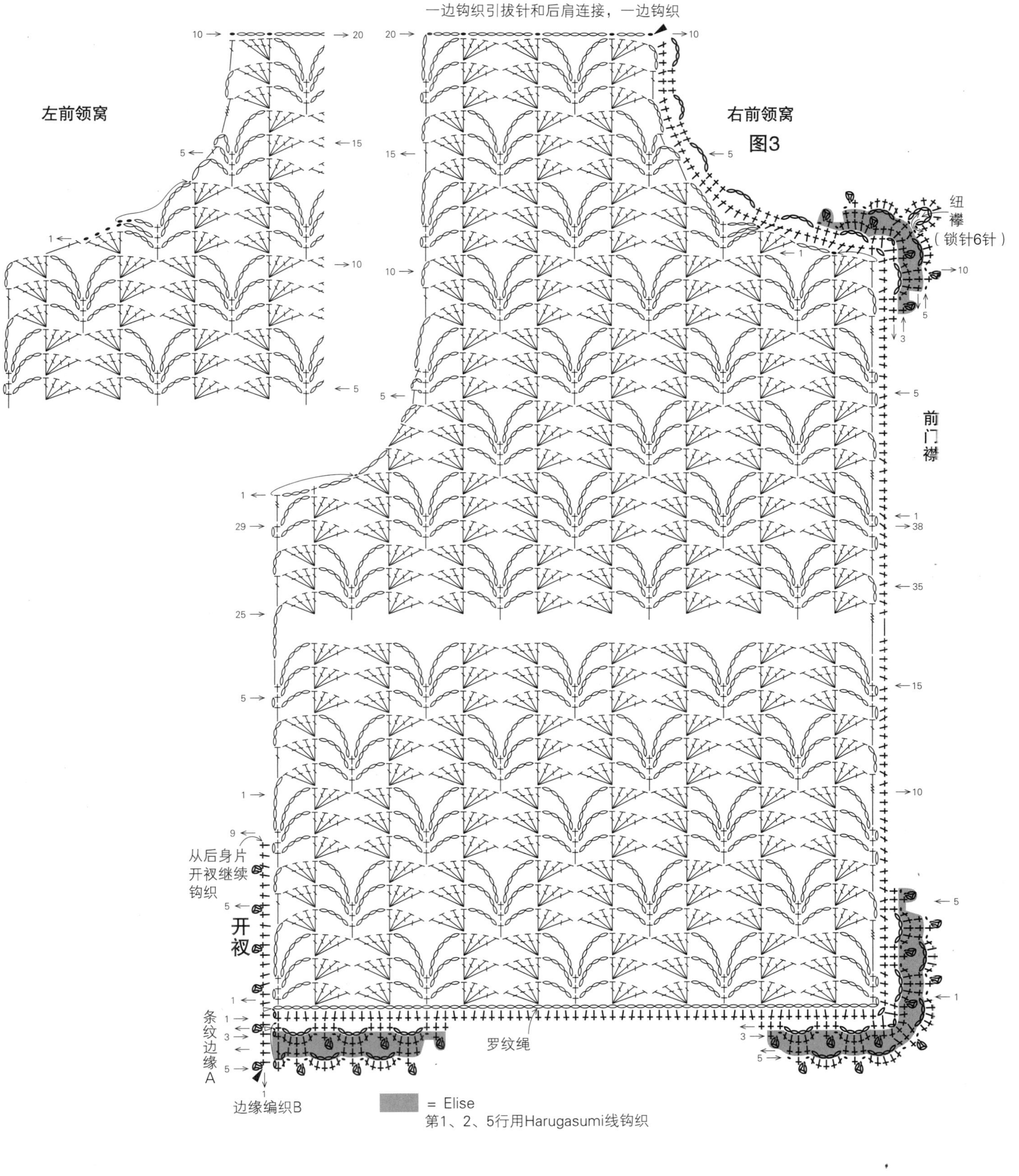
一边钩织引拔针和后肩连接，一边钩织
左前领窝
右前领窝
图3
纽襻
（锁针6针）
前门襟
从后身片开衩继续钩织
开衩
条纹边缘A
边缘编织B
罗纹绳
= Elise
第1、2、5行用Harugasumi线钩织

18

p.23

●**材料**　Ski Belle Soie（中细）香草色（5102）230g/12 团，长 3cm 的纽扣 1 颗

●**工具**　钩针 3/0 号

●**成品尺寸**　胸围 105.5cm，衣长 53cm，连肩袖长 36.5cm

●**编织密度**　10cm×10cm 面积内：编织花样 A 39 针，12 行；编织花样 B 39 针，12.5 行

●**编织要点**　锁针起针，从后身片肩部向下摆做编织花样 A。编织花样 A 在不同的行会有针数和宽度的变化。袖口一起钩织端头的编织花样，参照图 1、图 2 在袖下减针，然后开始做编织花样 B。下摆的菠萝花花样从第 26 行开始分别重新加线钩织。前身片从后身片的起针挑针钩织，前端和端头的编织花样一起钩织。胁部、袖下钩织引拔针和锁针接合。衣领做边缘编织，右侧开扣眼。

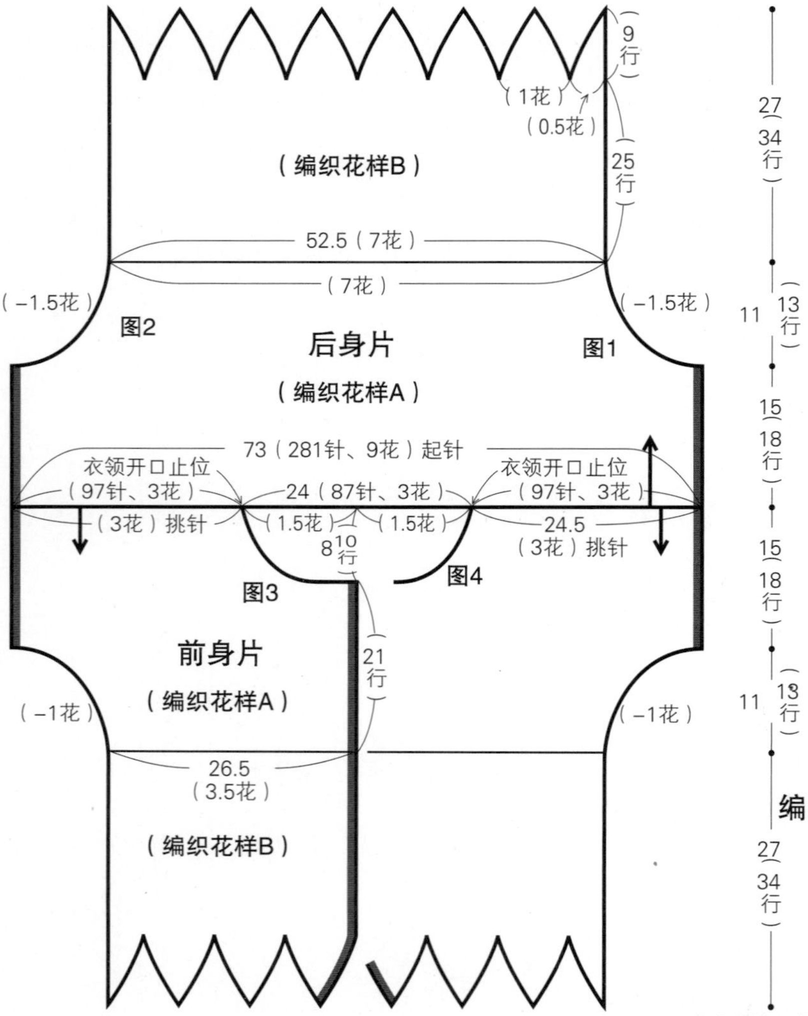

▬ = 端头的编织花样（接着编织花样钩织）

※ 全部使用3/0号针钩织

※ 花 = 个花样

衣领（边缘编织）

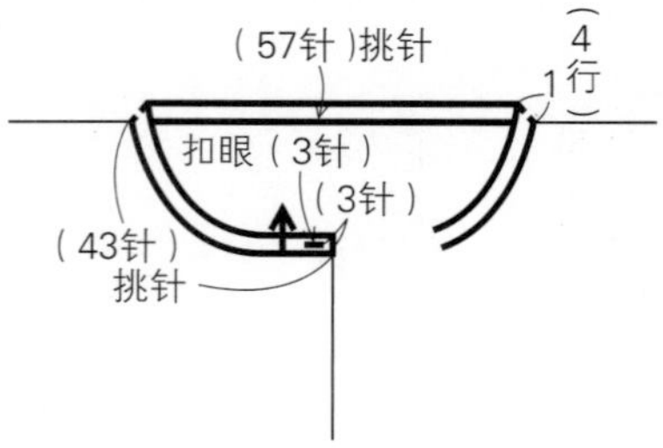

边缘编织

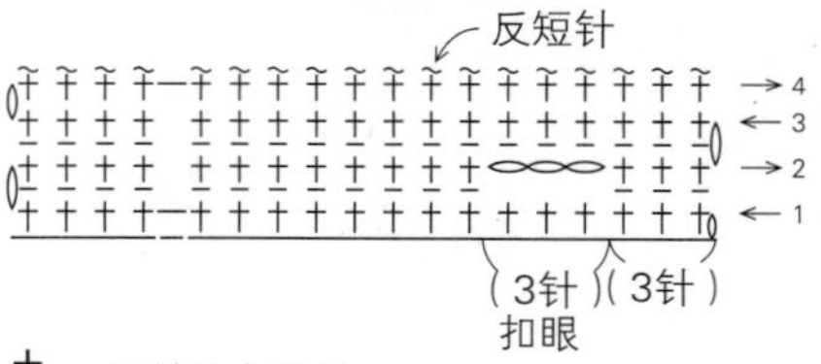

$\underline{+}$ = 短针的条纹针

⇒ 参照p.102

编织花样A的编织符号图⇒见p.103

编织花样B

（右前身片）

左前身片⇒见p.102

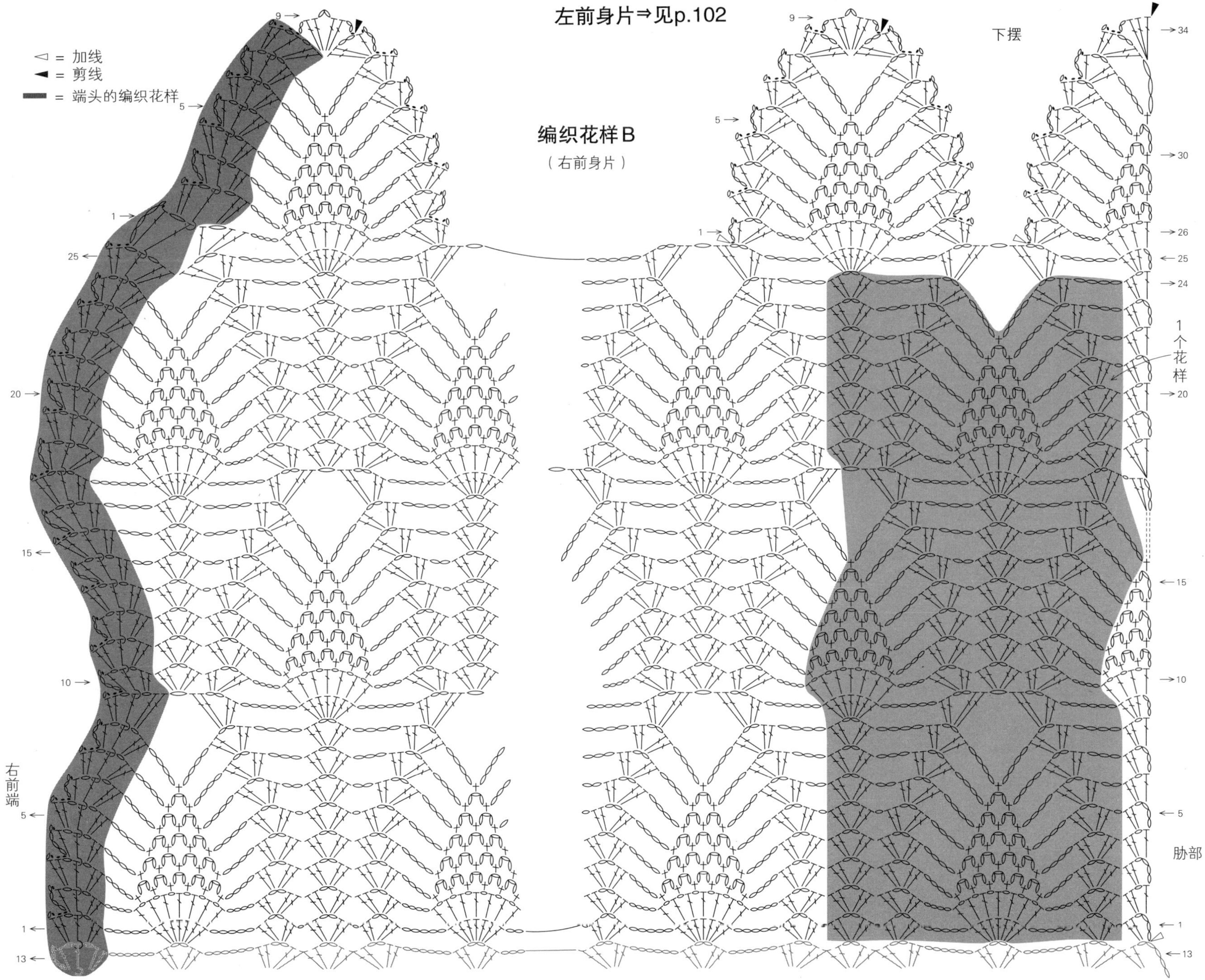

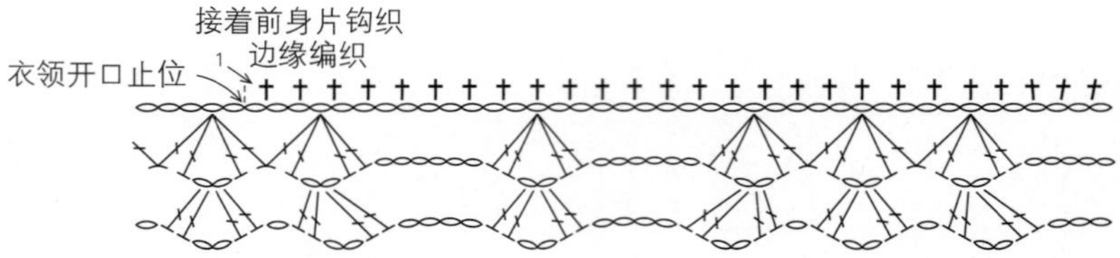

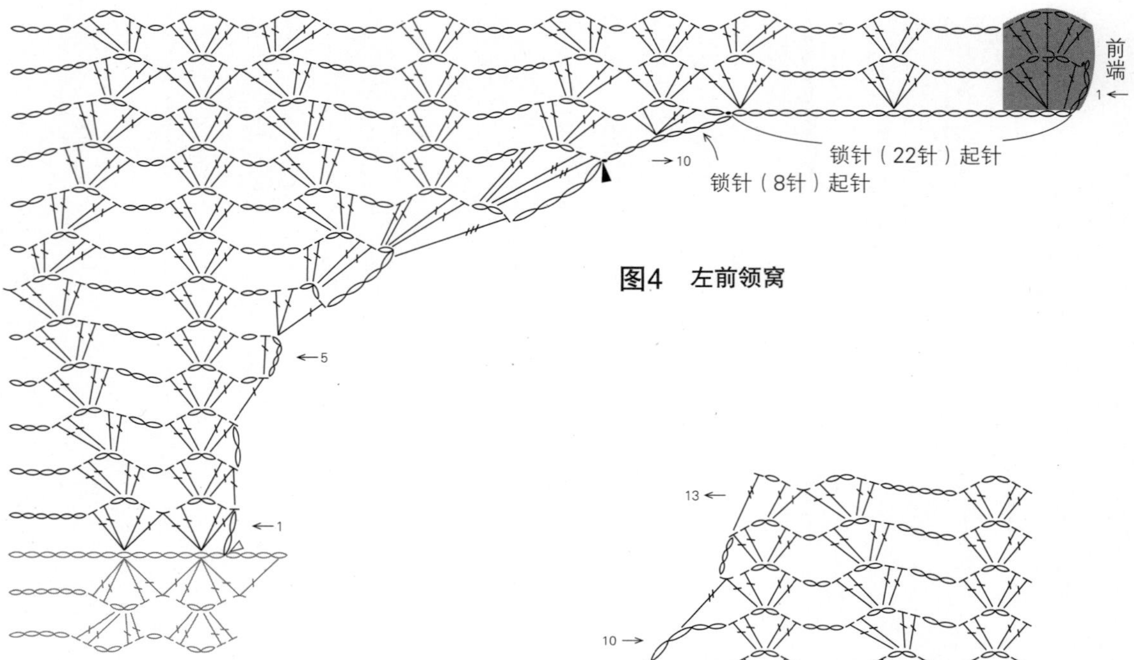

图4　左前领窝

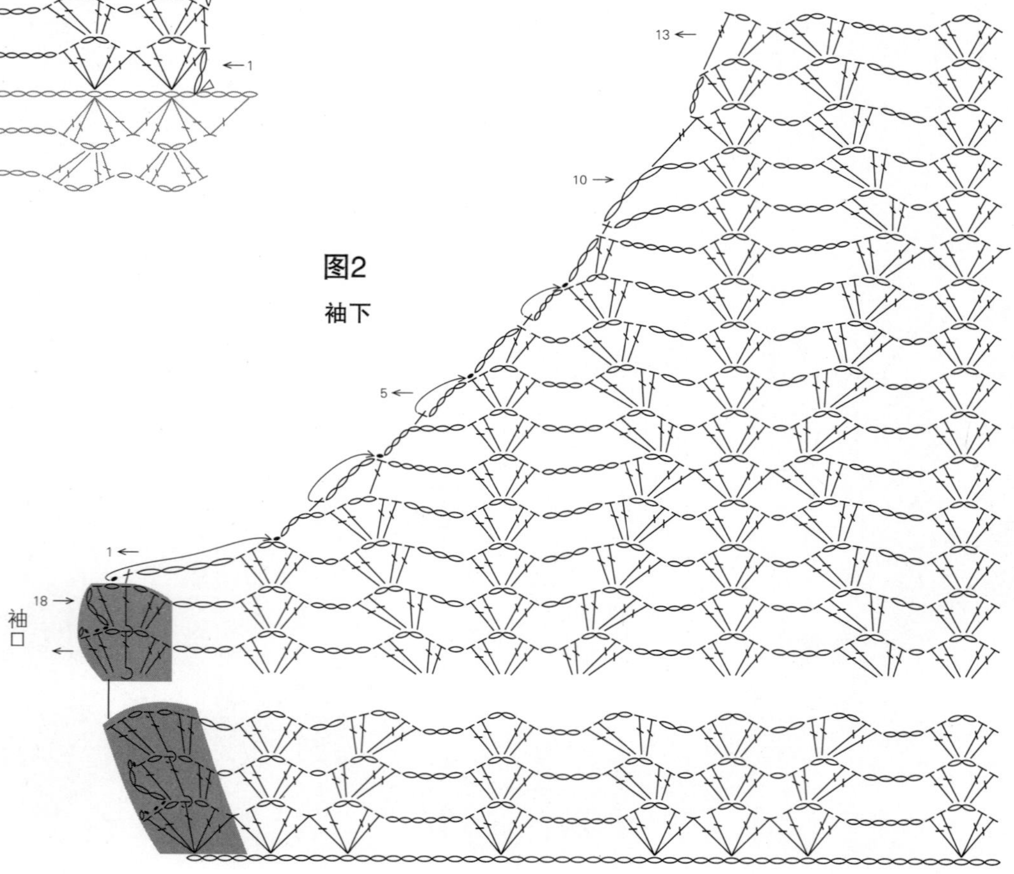

图2
袖下

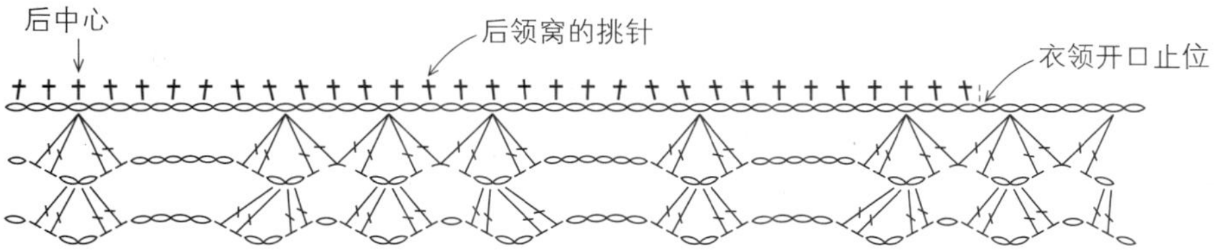

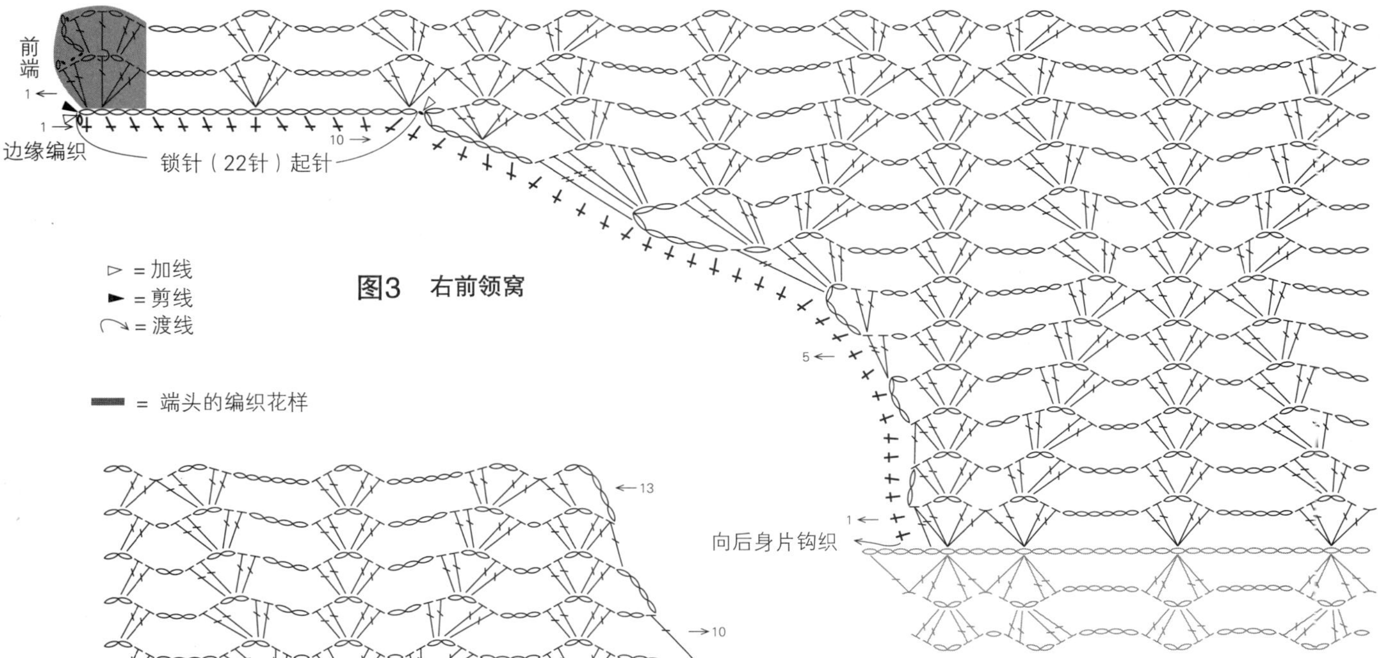

图3　右前领窝

▷ = 加线
► = 剪线
⌒ = 渡线

▬ = 端头的编织花样

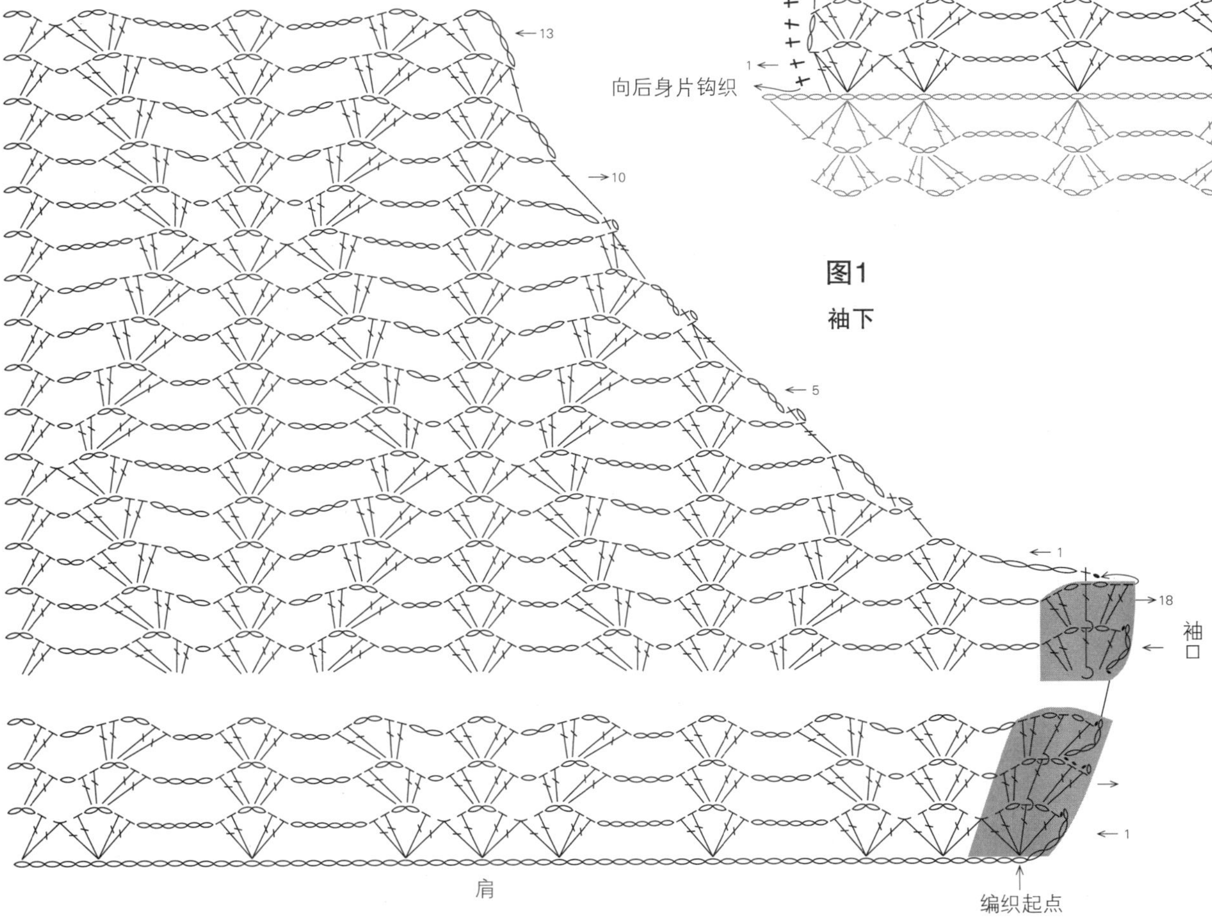

图1
袖下

19

p.24

●**材料**　Ski Belle Soie（中细）淡灰色（5103）260g/13 团

●**工具**　钩针 2/0 号

●**成品尺寸**　胸围 95cm，衣长 51cm，连肩袖长 58.25cm

●**编织密度**　10cm×10cm 面积内：方眼编织 12.5 格，15 行

●**编织要点**　身片锁针起针，挑起锁针的半针和里山，做编织花样 A、A'。前后身片的肩部做卷针缝缝合，衣袖挑针做方眼编织和编织花样 B，不加减针。袖下、胁部钩织引拔针和锁针接合，身片的下摆做编织花样 C。袖口接着编织花样 C 环形钩织边缘。下摆、前端、衣领连在一起钩织边缘。

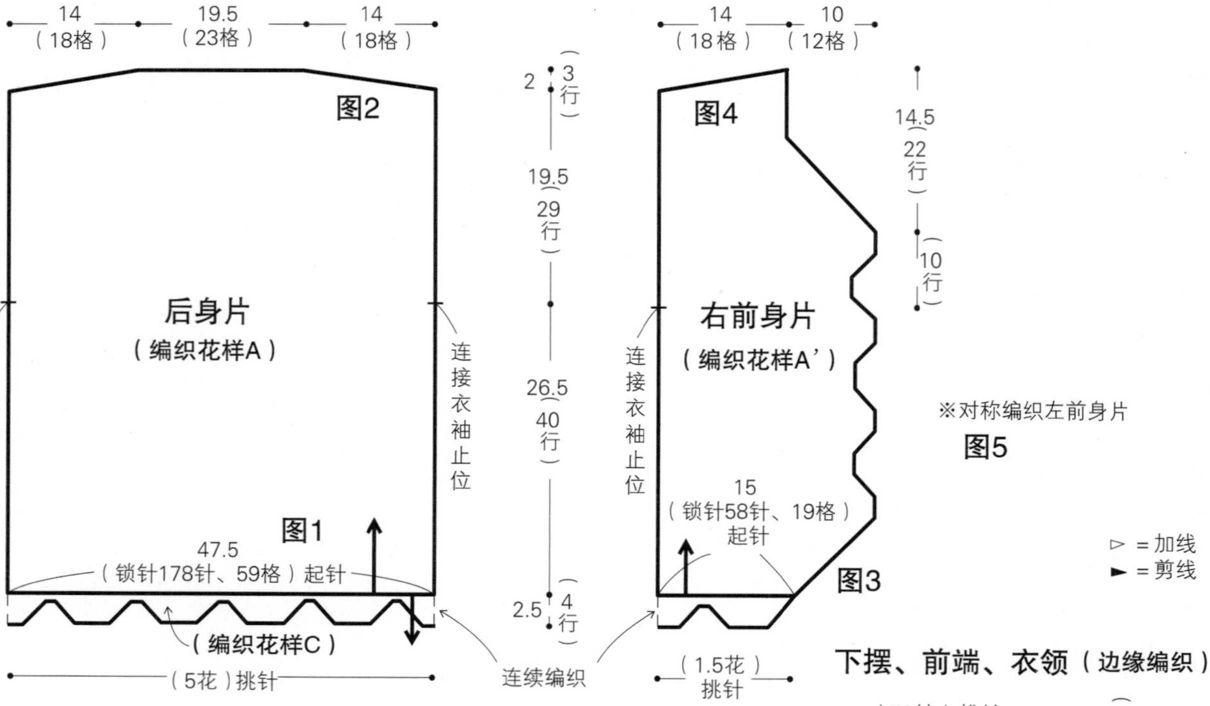

※1格 = [符号]

※花 = 个花样

※全部使用2/0号针钩织

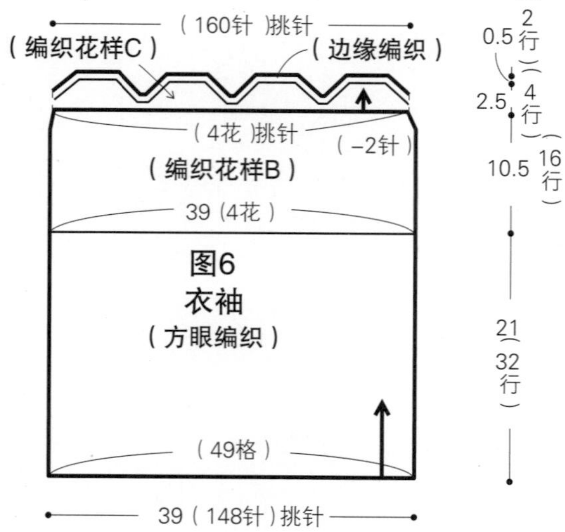

下摆、前端、衣领（边缘编织）

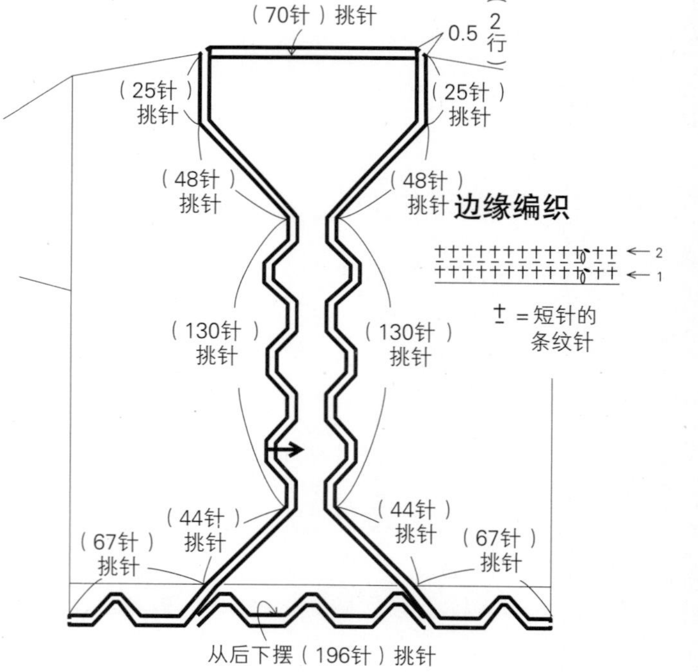

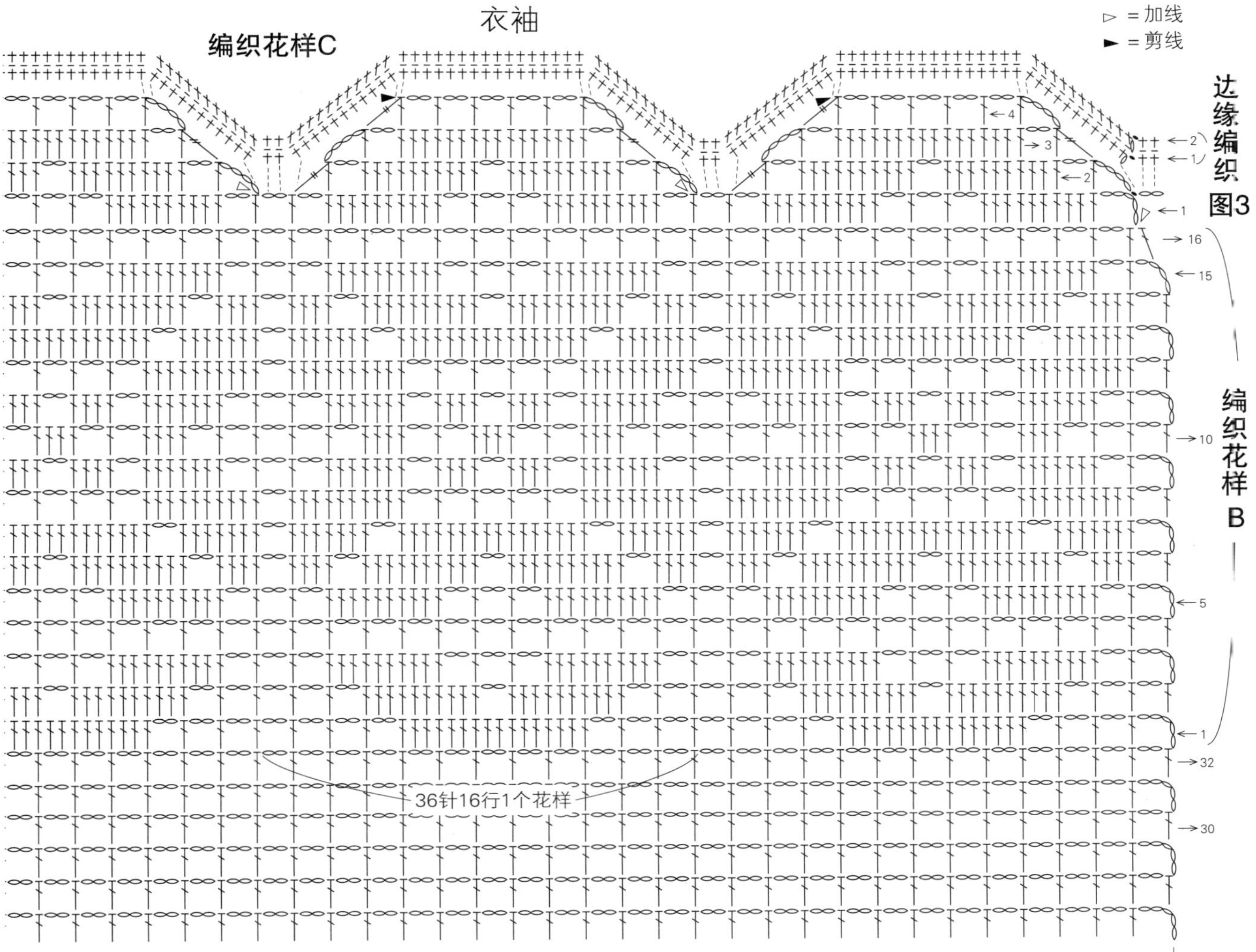
衣袖
编织花样C
▷ = 加线
► = 剪线
边缘编织
图3
编织花样B
36针16行1个花样

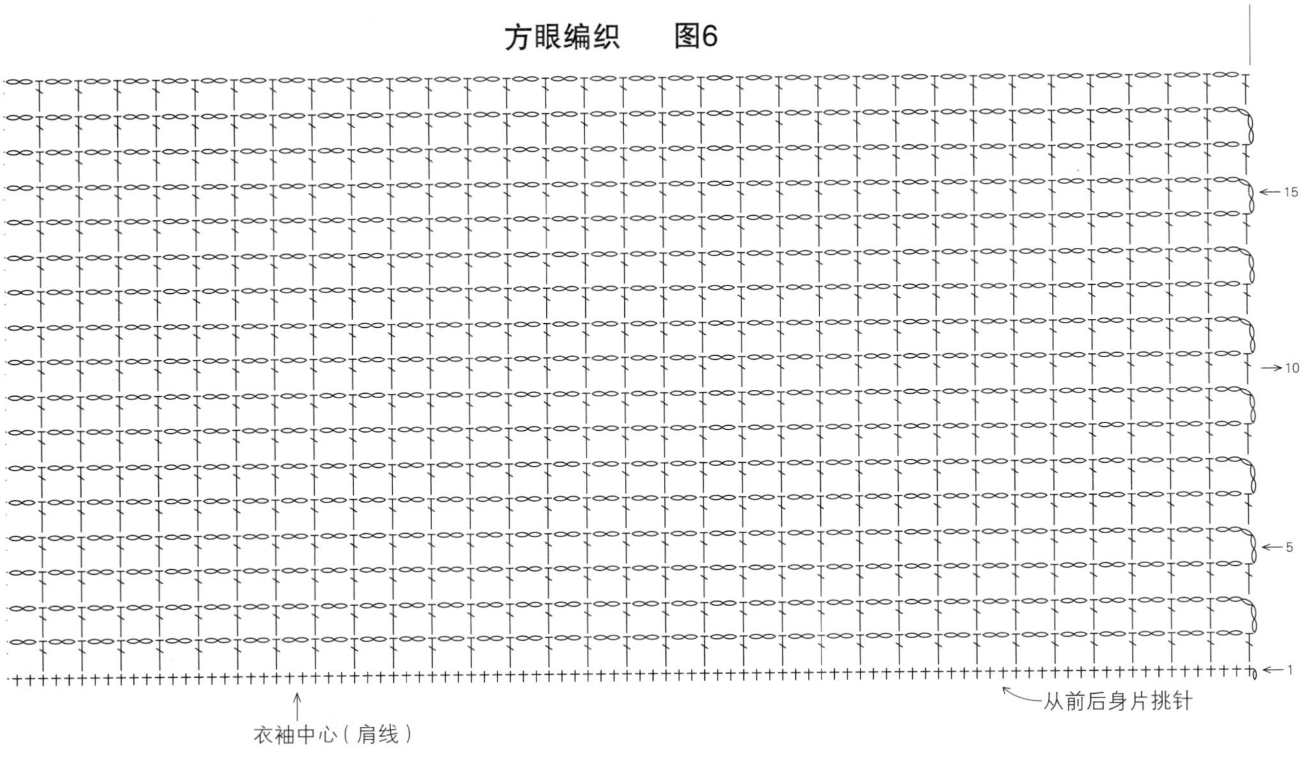
方眼编织　图6
衣袖中心（肩线）
从前后身片挑针

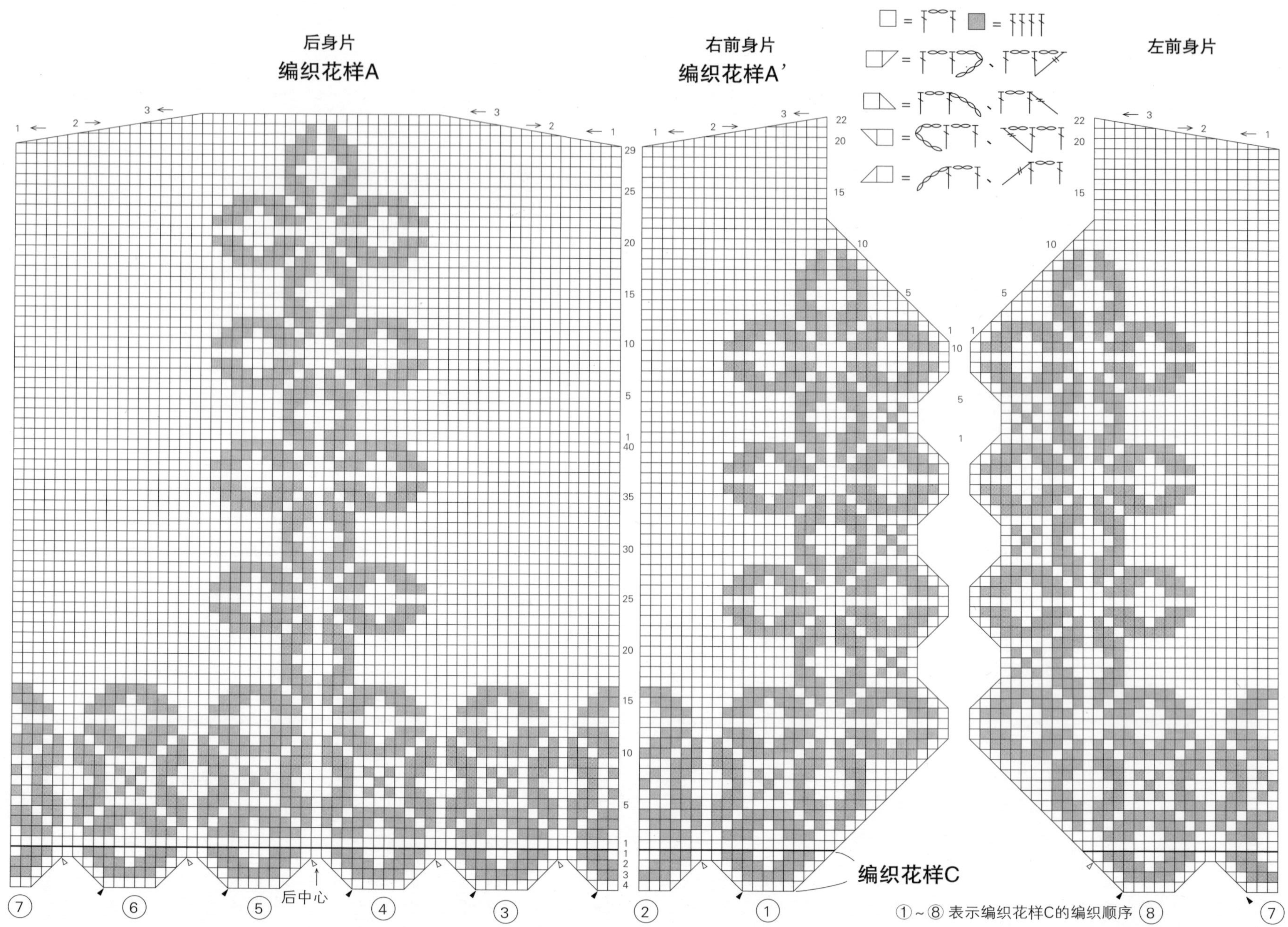

后身片
编织花样A
右前身片
编织花样A'
左前身片
后中心
编织花样C
①～⑧ 表示编织花样C的编织顺序

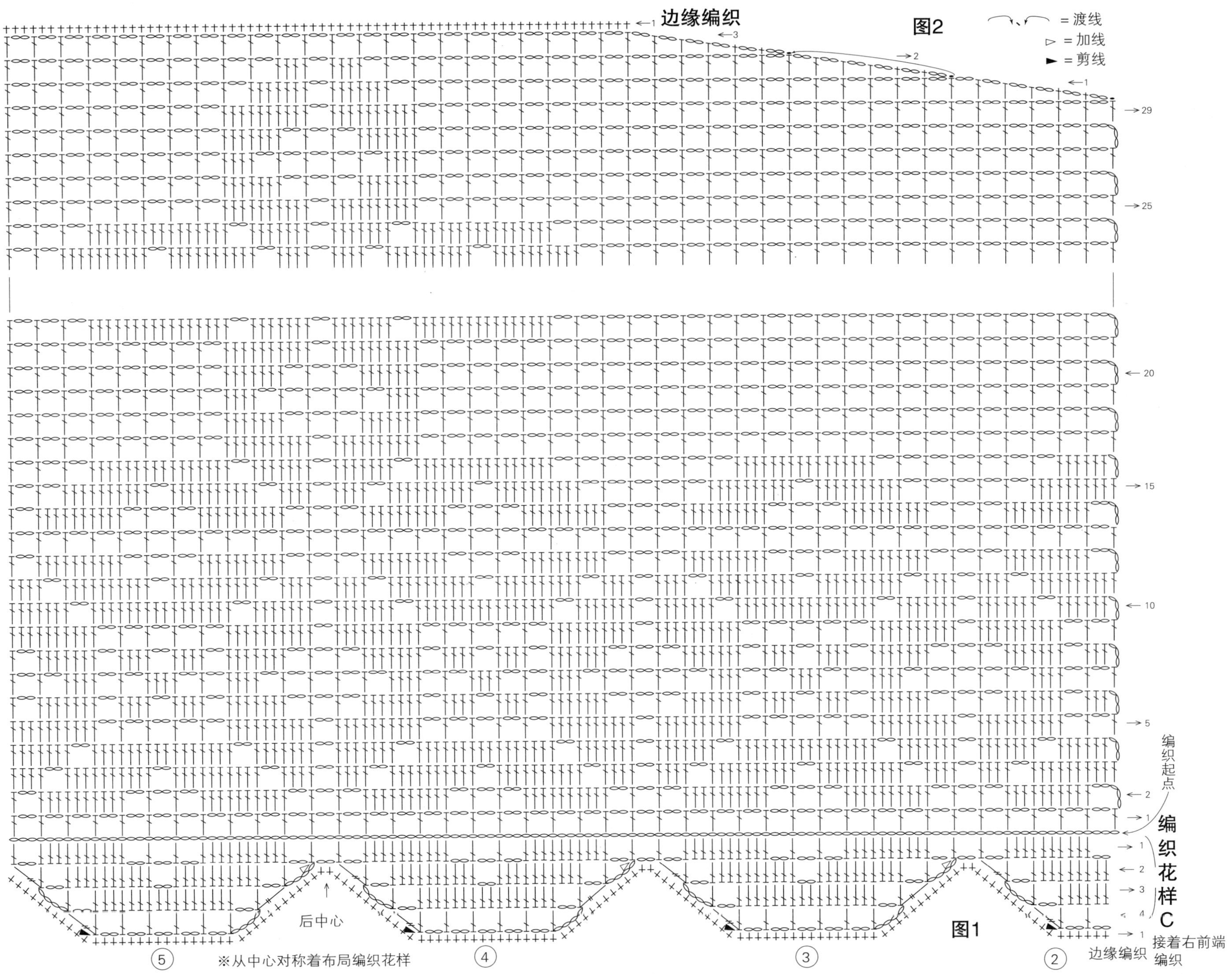
图2
= 渡线
▷ = 加线
► = 剪线
边缘编织
编织起点
编织花样C
后中心
图1
※从中心对称着布局编织花样
⑤
④
③
②
边缘编织
接着右前端编织

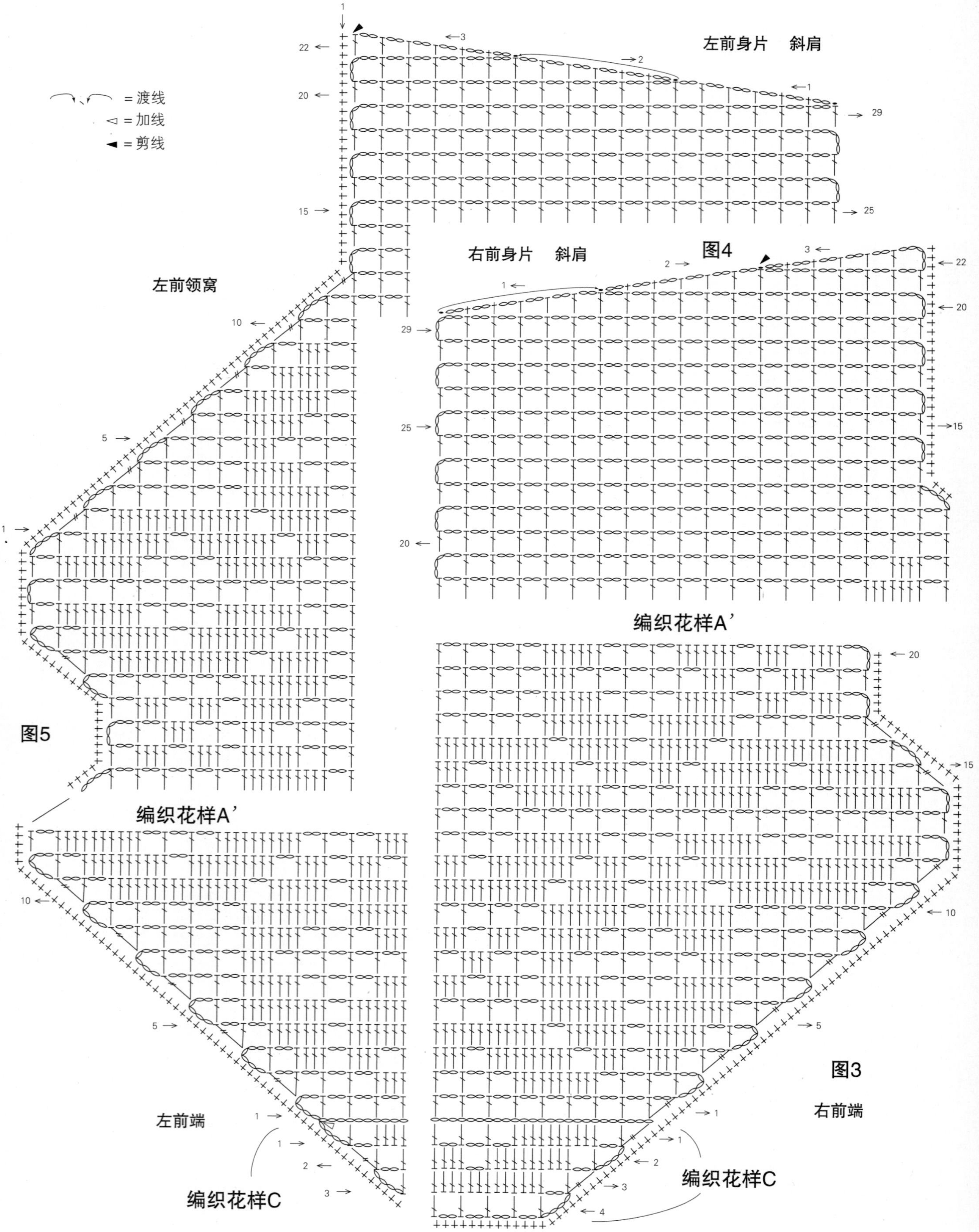

= 渡线
= 加线
= 剪线
左前身片　斜肩
右前身片　斜肩
图4
左前领窝
图5
编织花样A'
编织花样A'
左前端
编织花样C
图3
右前端
编织花样C

24

p.29

● **材料**　Ski Harugasumi（中细）彩灰色（1316）75g/3 团

●**工具**　钩针 4/0 号

●**成品尺寸**　帽围 50cm，帽深 22cm

●**编织密度**　10cm × 10cm 面积内：编织花样 6.5 个花样，9 行

●**编织要点**　帽顶环形起针，钩织 16 针长针。然后参照图示一边加减编织花样，一边编织 18 行。为了让枣形针更加蓬松，一定要将长针拉长。帽口钩织 4 行边缘。

帽子

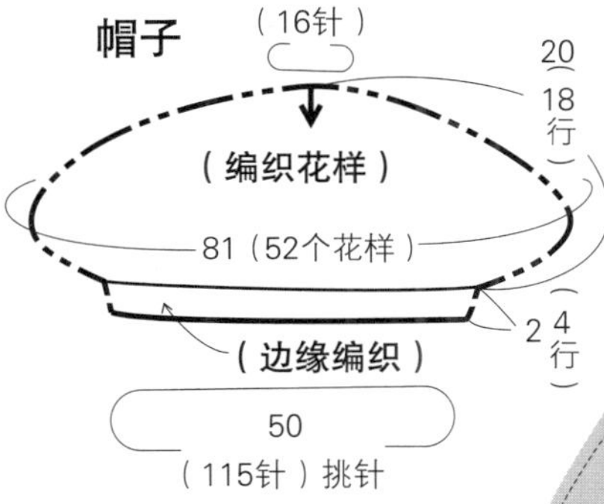

※ 全部使用4/0号针钩织

编织花样

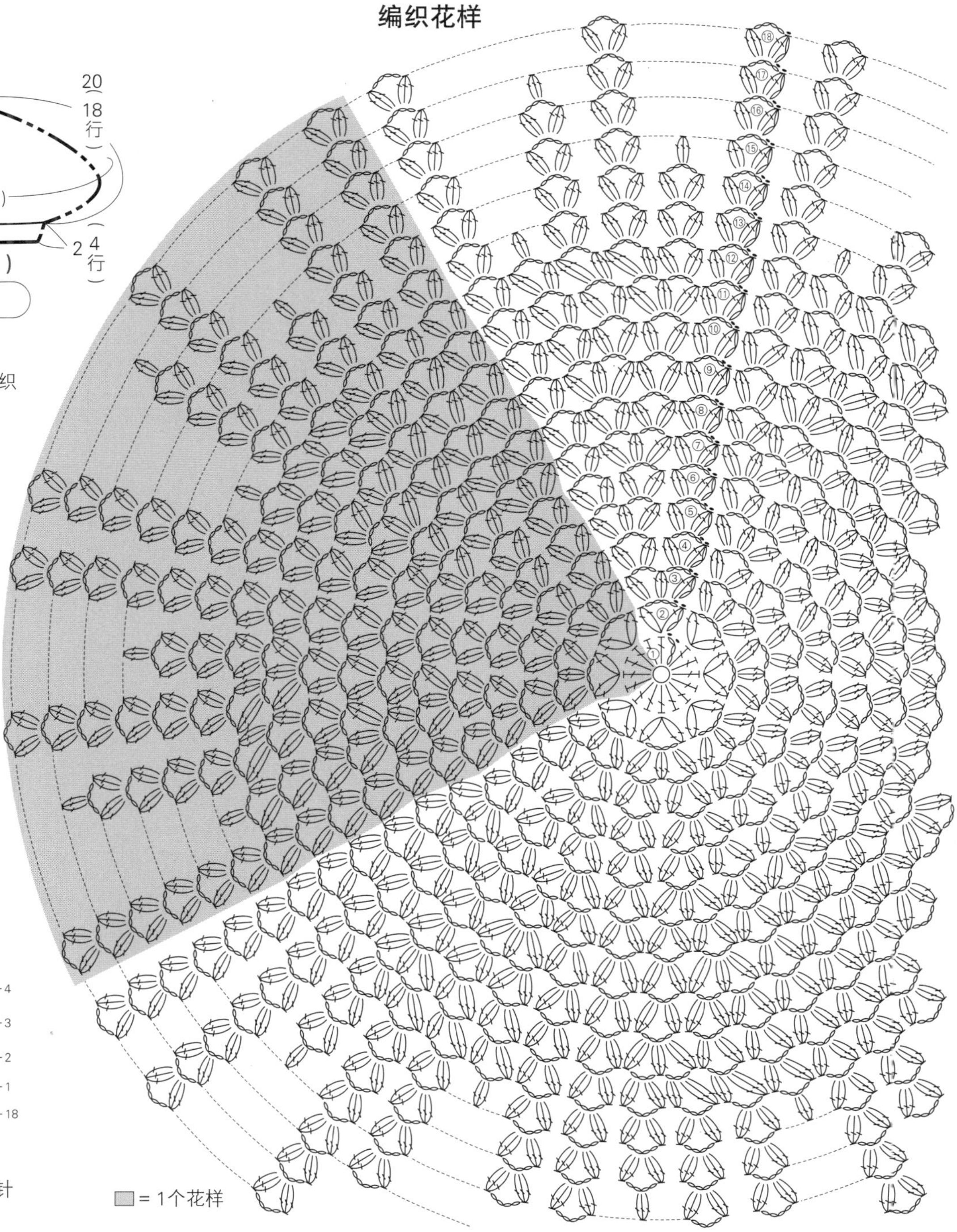

▭ = 1个花样

边缘编织　► = 剪线

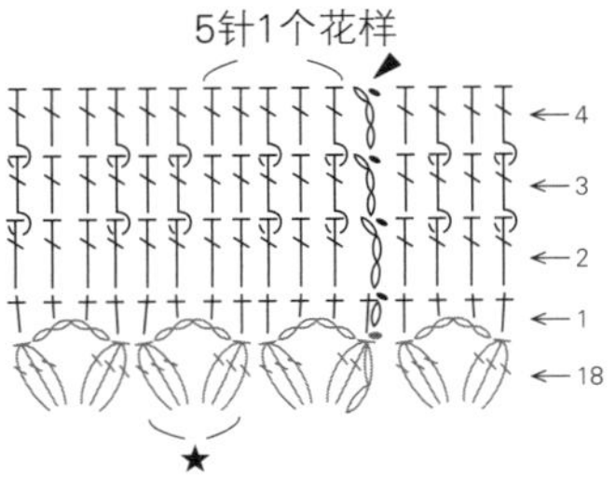

从★分别挑起4针，在3处挑起5针

20

p.25

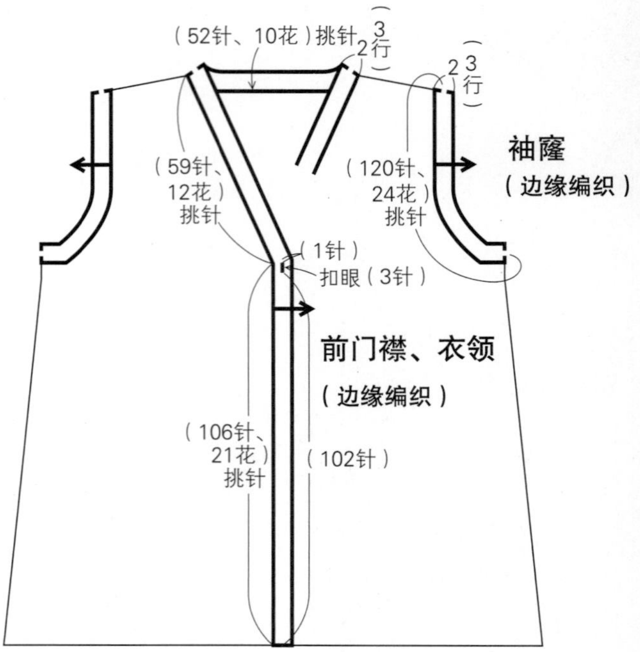

●**材料**　Ski Cotton Linen～夏衣～（中细）浅米色（1020）320g/11 团，直径 1.5cm 的纽扣 1 颗
●**工具**　钩针 4/0 号
●**成品尺寸**　胸围 98cm，肩宽 38cm，衣长 59cm
●**编织密度**　10cm×10cm 面积内：编织花样 A 32.5 针，12.5 行；编织花样 B 1 个花样 8cm，10cm14 行
●**编织要点**　从肩部向下摆方向钩织。身片前后 3 片分别参照图 1~6 做编织花样 A，前领窝第 25 行开始将前后身片连在一起编织。然后开始做编织花样 B，但最初 3 行因为受编织花样 A 的影响，所以针法略有不同。中途将前后身片的肩部用引拔针和锁针接合，下摆最终行编织终点不剪断线，继续钩织前门襟和衣领边缘。袖窿的边缘编织每行都要改变编织方向，环形编织。

※ 花 ＝ 个花样
※ 全部使用4/0号针钩织

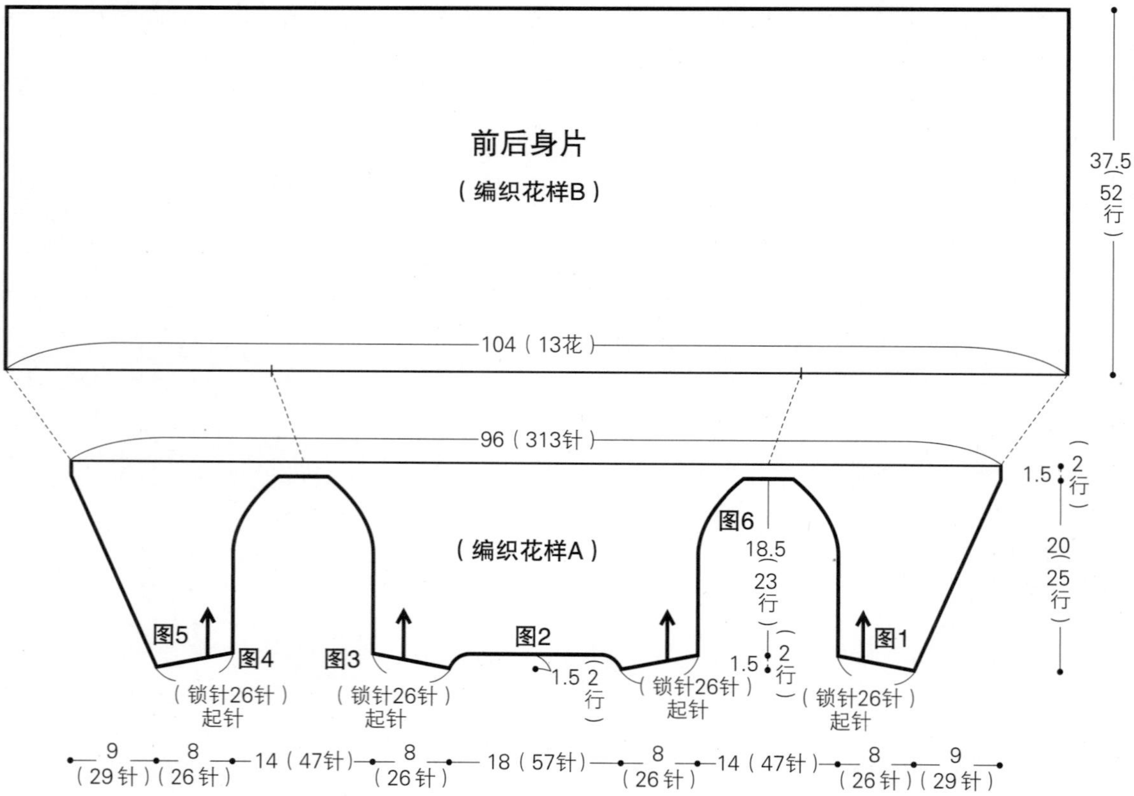

※ 接着最终行的编织终点继续编织前门襟、衣领边缘

编织花样B

编织花样A

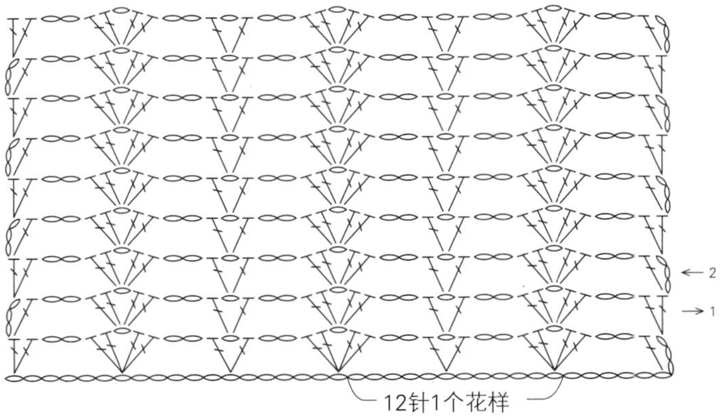

扣眼（右前门襟）

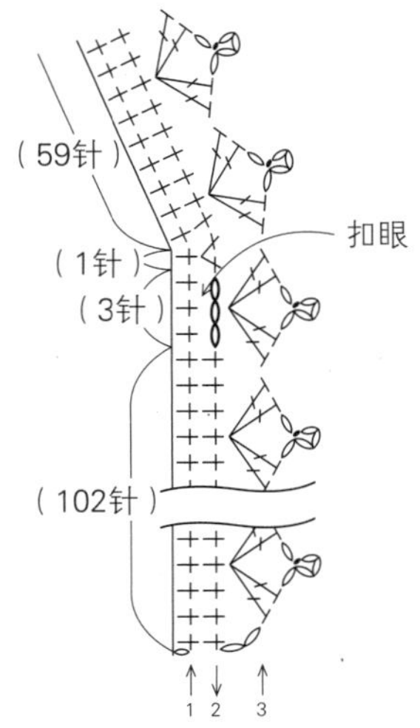

边缘编织（袖窿）

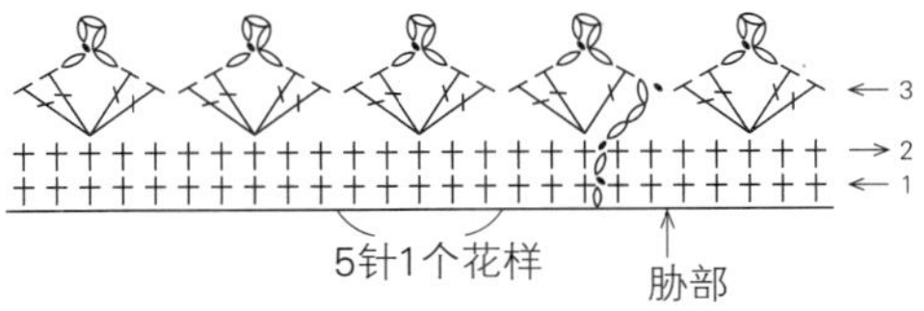

边缘编织（前门襟、衣领）

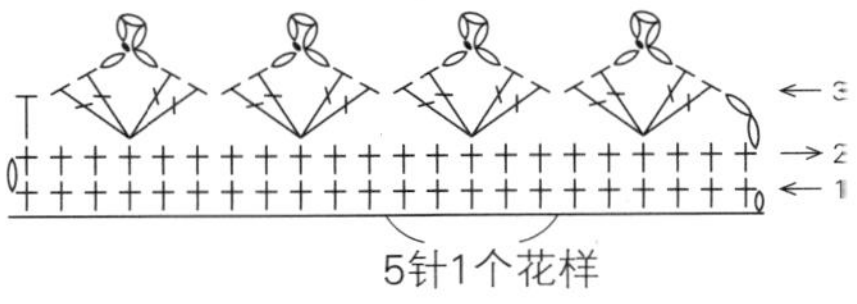

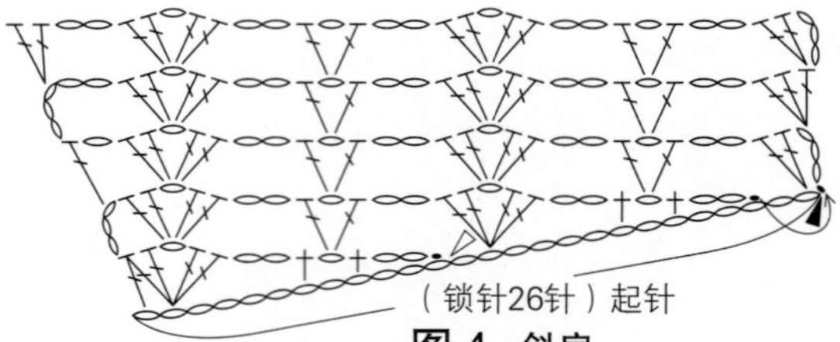

图4 斜肩

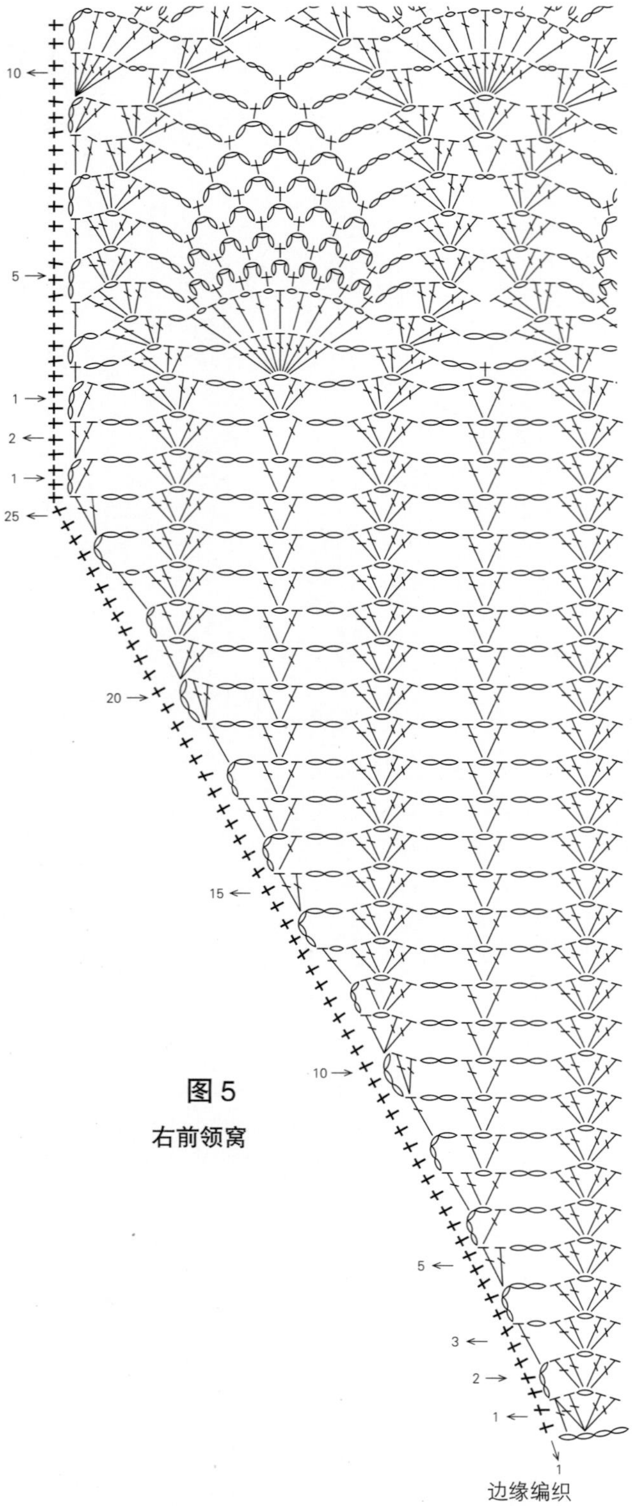

图5
右前领窝

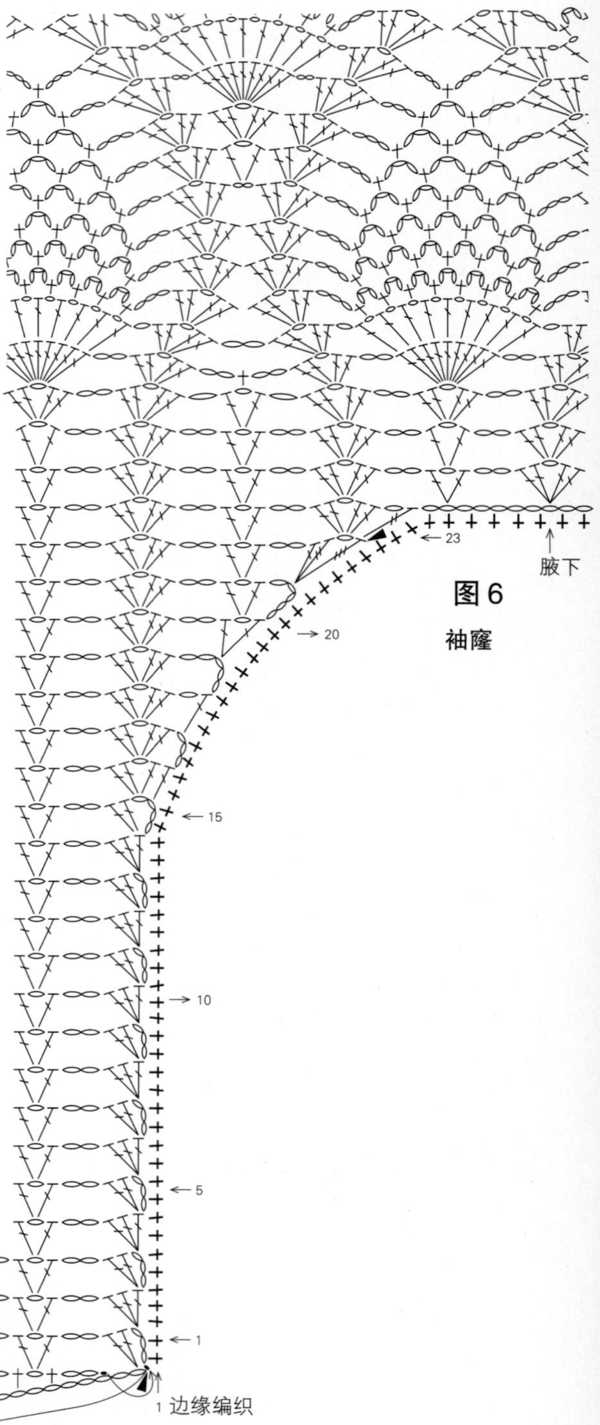

图6
袖窿

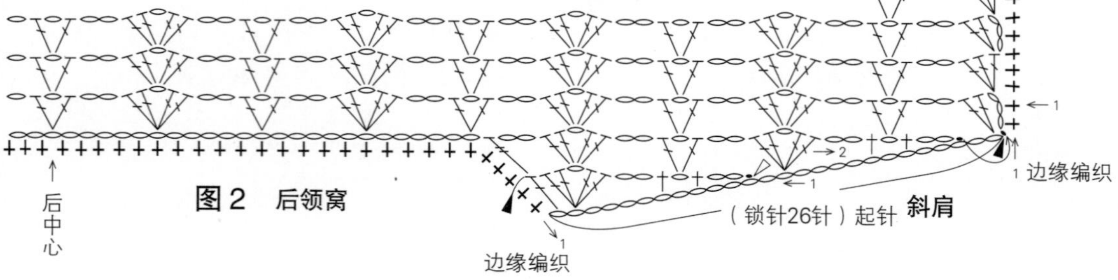

图2 后领窝

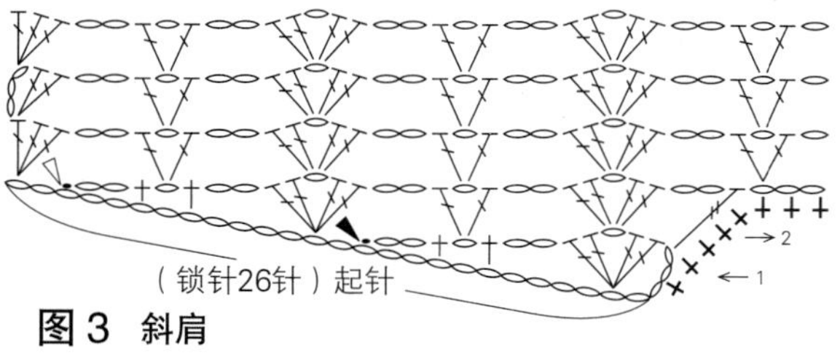

图3 斜肩

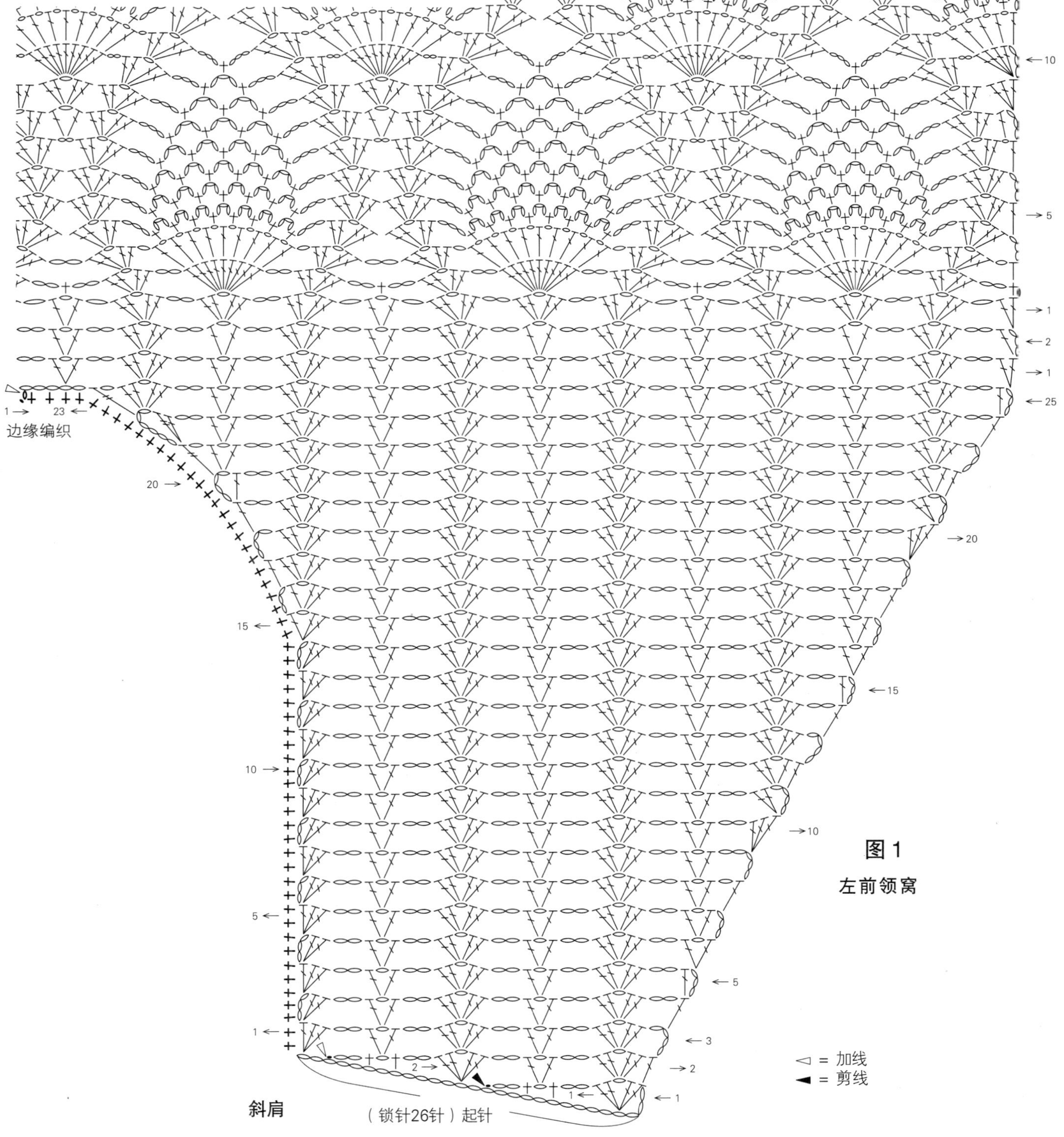

图1
左前领窝

◁ = 加线
◀ = 剪线

21

p.26

●**材料** Ski Quartz（粗）薄荷绿色（1727）230g/8 团

●**工具** 钩针 5/0 号

●**成品尺寸** 胸围 96cm，衣长 60.5cm，连肩袖长 24.5cm

●**编织密度** 编织花样 A 10cm 25 针，9 行 8.5cm；编织花样 B 10cm 25 针，7 行 6.5cm

●**编织要点** 身片锁针起针重复做编织花样 A 和编织花样 B。领窝参照图示钩织。前后身片的肩部钩织引拔针和锁针接合，胁部在袖口开口止位和开衩止位之间钩织引拔针和锁针接合。衣领和袖口环形钩织边缘。下摆钩织边缘，做往返编织。开衩保持原样。

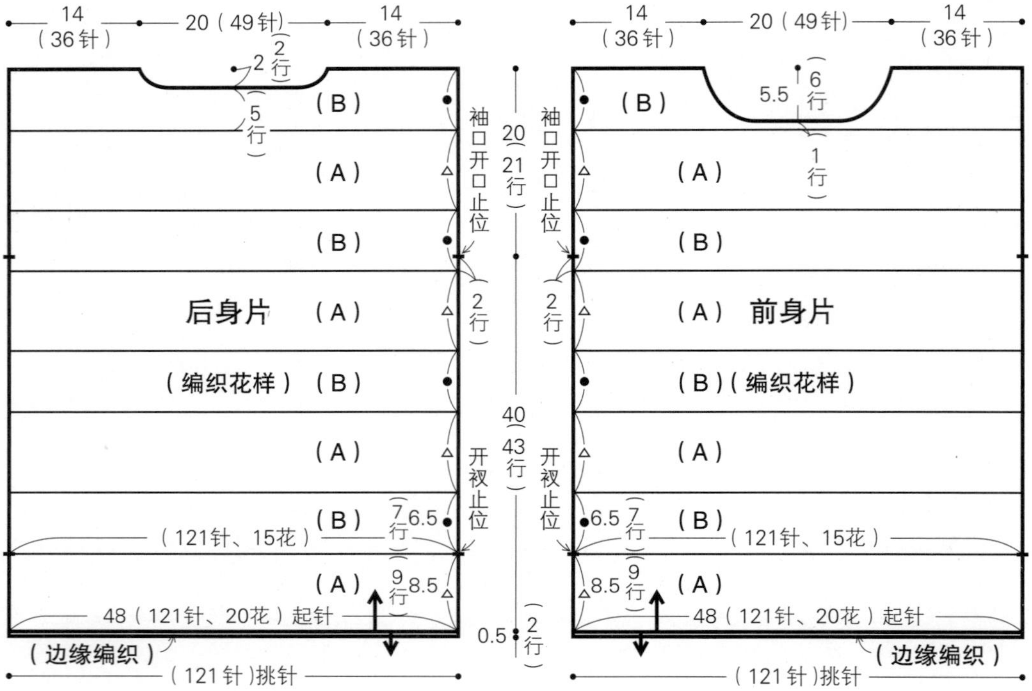

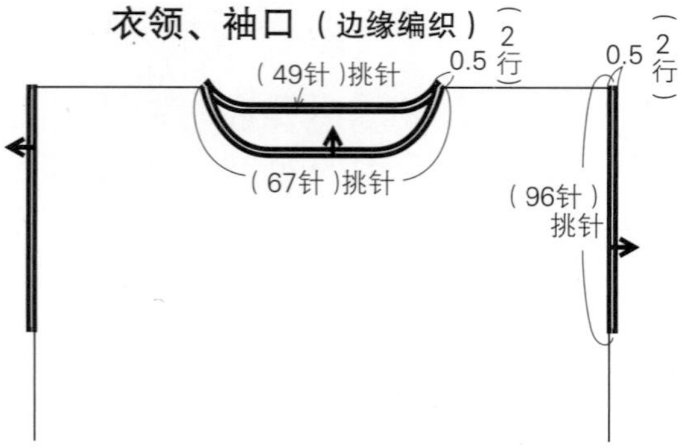

※ 全部使用5/0号针钩织

※ 花 = 个花样

边缘编织

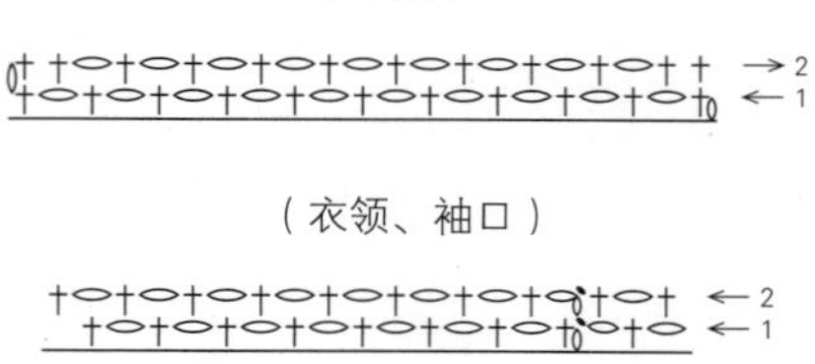

前领窝

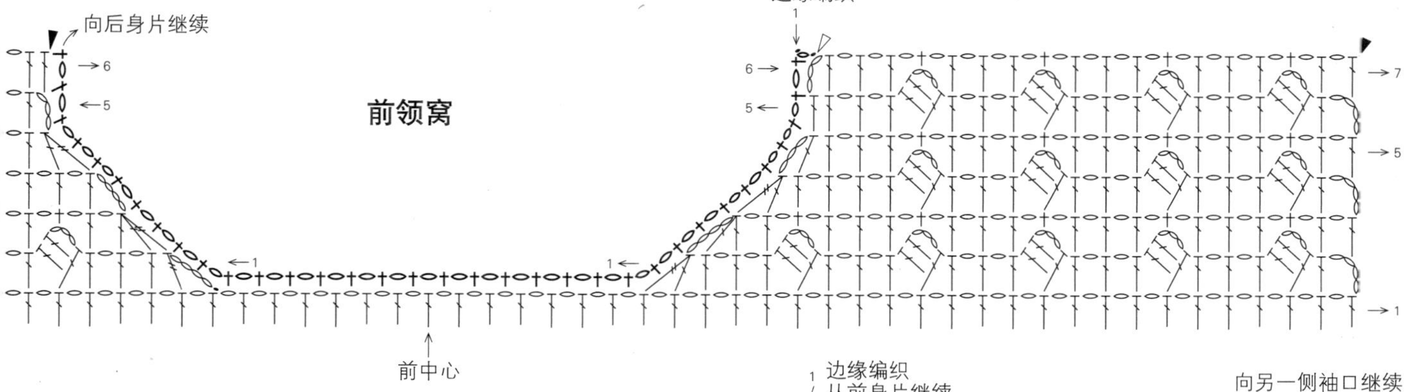
向后身片继续
边缘编织
前中心
6
5
1
7

后领窝

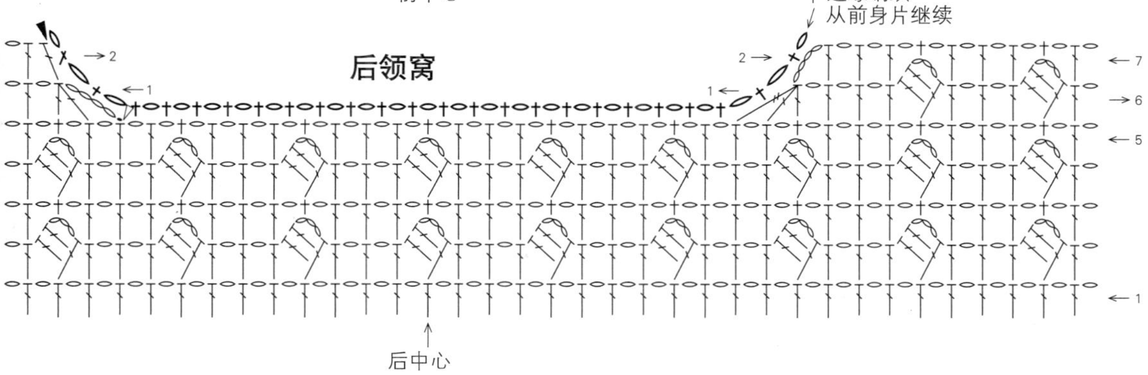
边缘编织
从前身片继续
后中心
2
1
7
6
5

向另一侧袖口继续
肩
边缘编织

编织花样

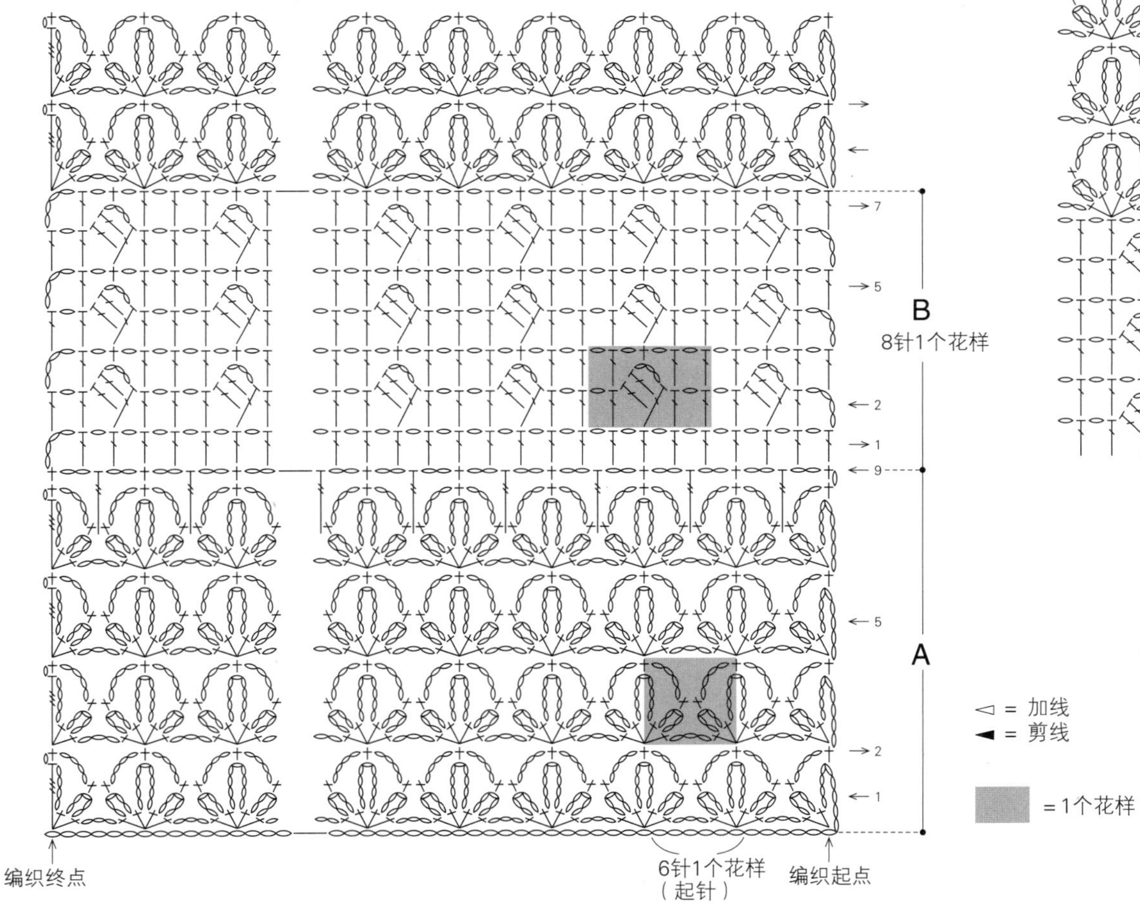
B
8针1个花样
A
7
5
2
1
9
6针1个花样
（起针）
编织终点
编织起点
◁ = 加线
◀ = 剪线
= 1个花样

22

p.27

●**材料**　Ski Linen Silk（中细）紫色（1423）235g/10 团

●**工具**　钩针 4/0 号

●**成品尺寸**　胸围 101cm，衣长 52.5cm，连肩袖长 27.25cm

●**编织密度**　10cm×10cm 面积内：编织花样 A 6 个花样，12 行；编织花样 B 2 个花样 13.5cm，10cm13.5 行

●**编织要点**　前后身片不加减针，从肩部向下摆编织相同形状的 2 片。留 1m 左右的线头，锁针起针，挑起锁针的半针和里山，做编织花样 A。接着做编织花样 B，最后将线引拔出，不剪断留下。用此线将前后身片正面相对对齐，胁部钩织引拔针接合。使用起针剩余的线头，将肩部正面相对对齐，钩织短针和锁针接合。衣领和下摆环形做边缘编织 A，袖口往返做边缘编织 B。

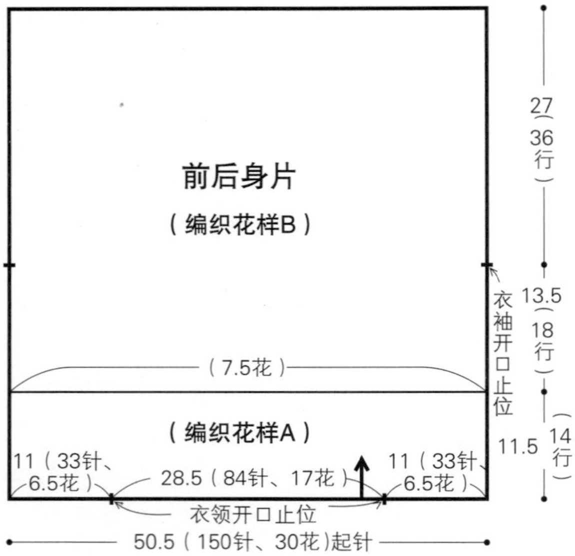

※ 花 = 个花样

※ 全部使用4/0号针钩织

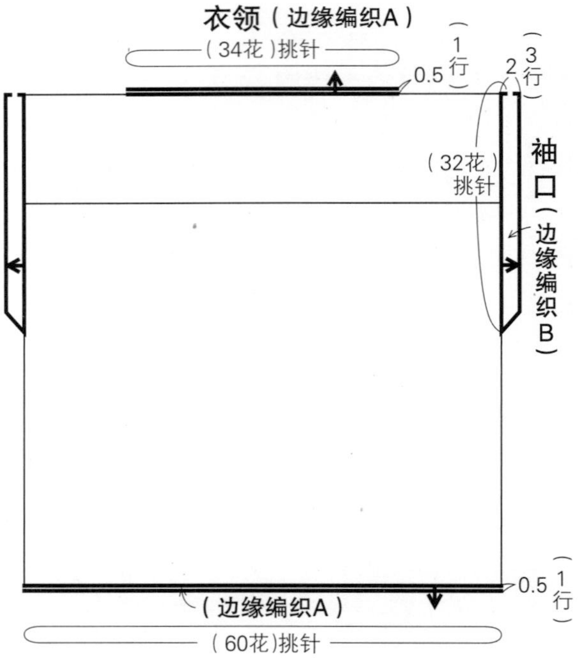

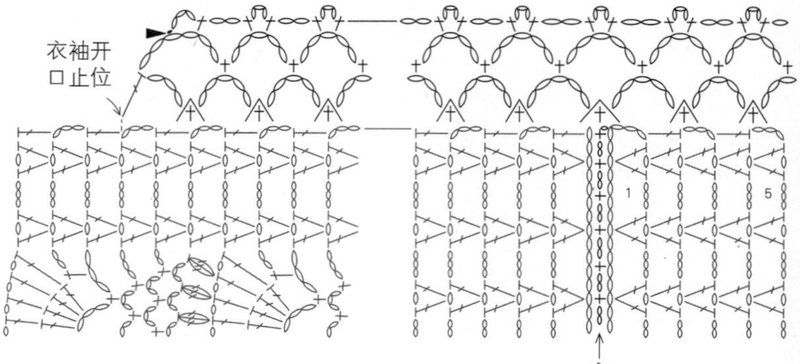

编织花样A

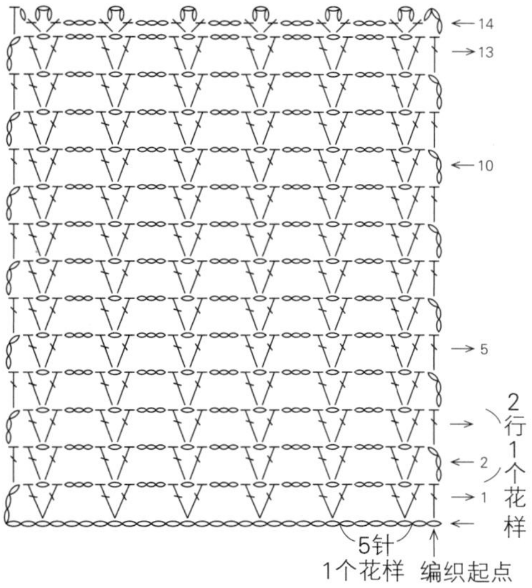

编织花样B

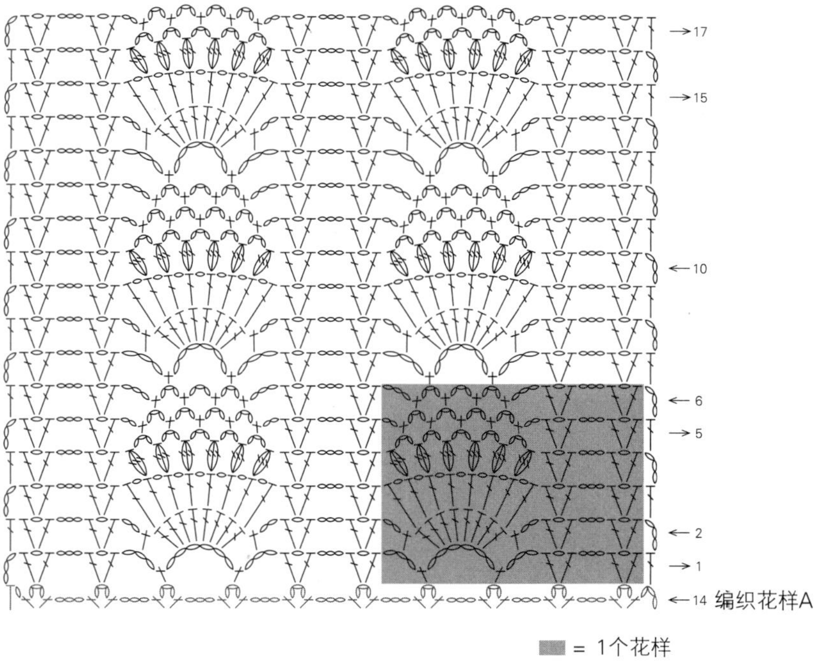

边缘编织A（下摆）

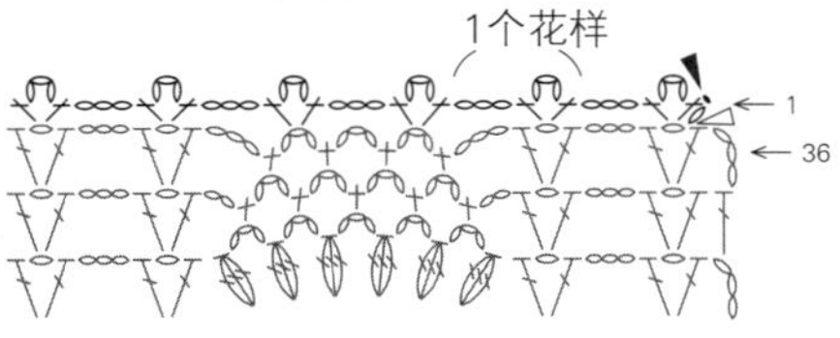

边缘编织A（衣领）

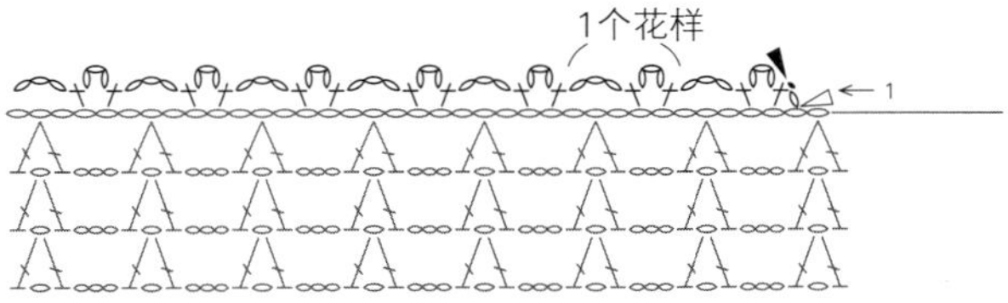

边缘编织B（袖口）

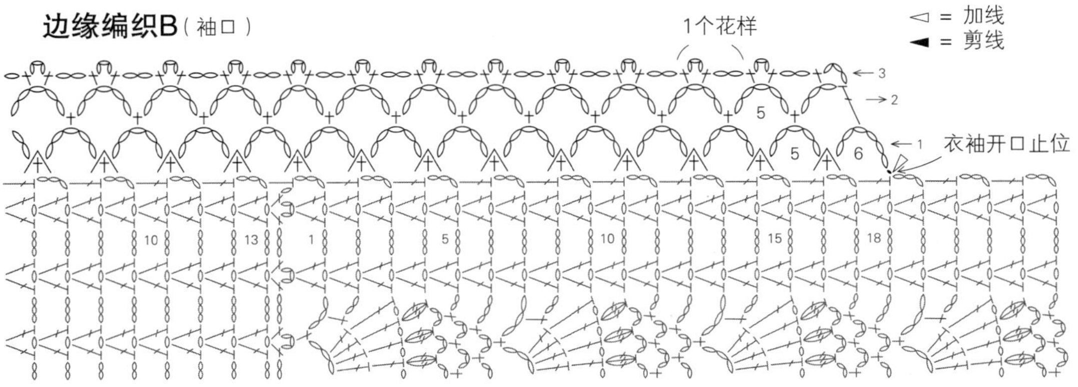

23

p.28

●**材料** Ski Supima Cotton（粗）乳白色（5002）180g/6 团、米色（5004）80g/3 团

●**工具** 钩针 4/0 号

●**成品尺寸** 胸围 100cm，衣长 52cm，连肩袖长 26.5cm

●**编织密度** 条纹花样1个花样2.3cm，10cm8.3行

●**编织要点** 前后身片不加减针，从肩部向下摆编织相同形状的 2 片。肩部锁针起针，逐行换色向下摆方向编织条纹花样。编织好前后 2 个身片后，用蒸汽熨斗熨烫整型。肩部钩织引拔针和锁针接合，胁部钩织锁针接合至衣袖开口止位。衣领和袖口环形钩织条纹边缘。

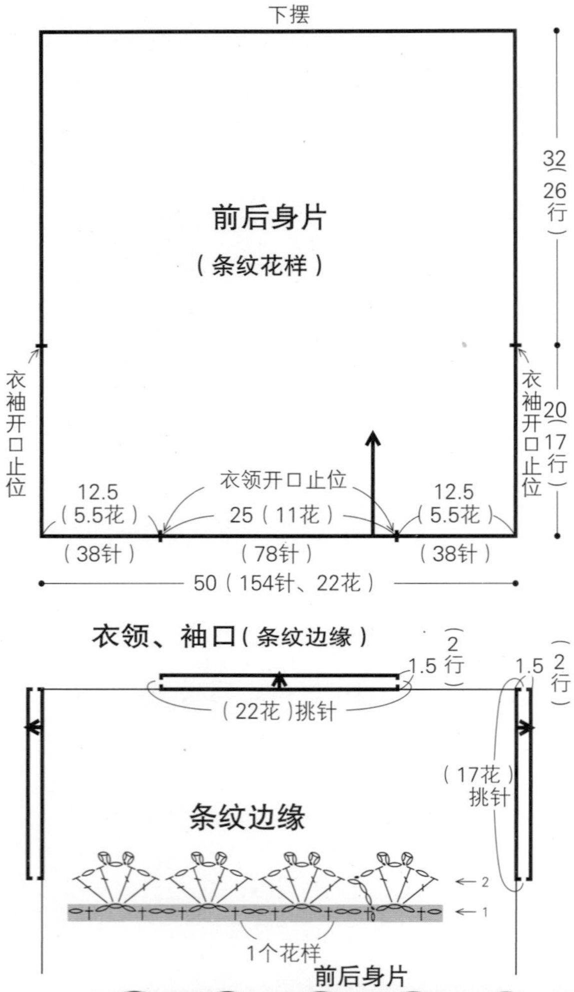

（灰色）	米色
（白色）	乳白色

※ 花 = 个花样

※ 全部使用4/0号针钩织

◁ = 加线

◀ = 剪线

⤻ = 渡线

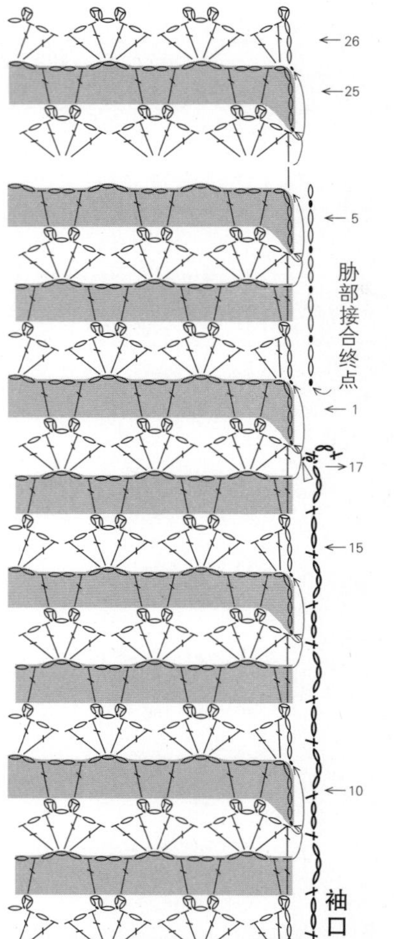
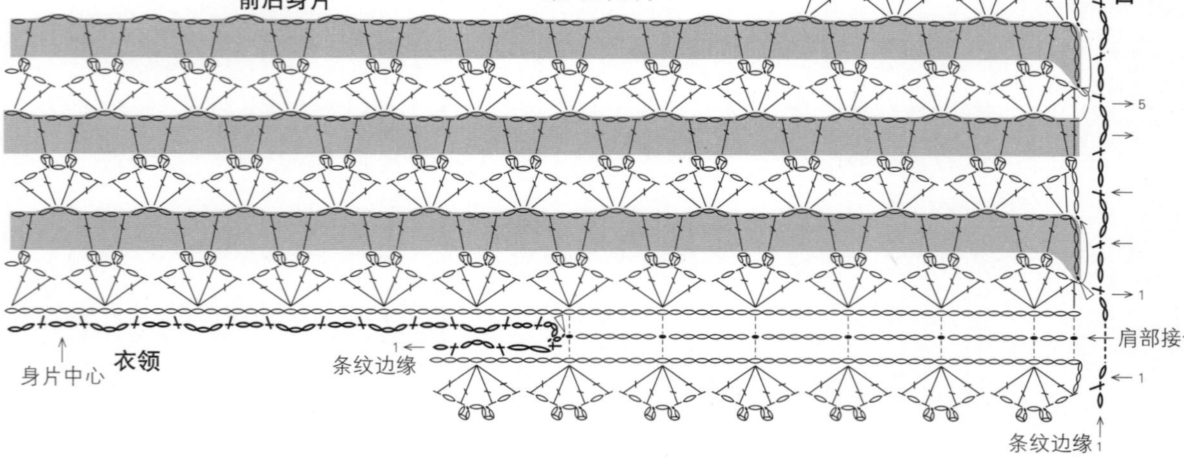

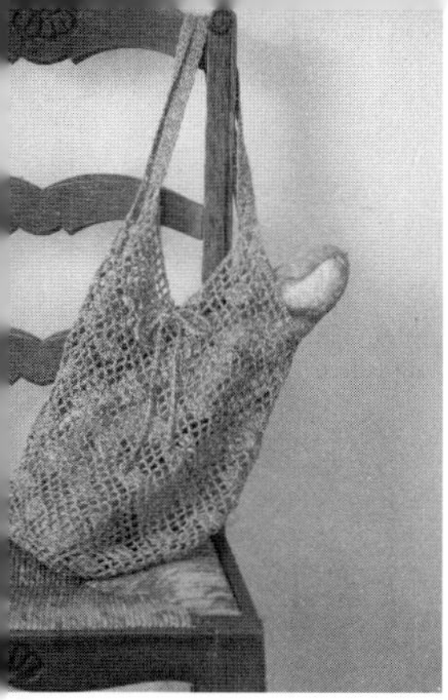

26

p.31

●**材料**　Ski Leaf（中细）浅褐色系（1212）85g/4 团
●**工具**　钩针 4/0 号、5/0 号
●**成品尺寸**　宽 38cm，深 34cm
●**编织密度**　10cm×10cm 面积内：6.5 格，17.5 行
●**编织要点**　环形起针，从包底中心开始钩织。一边参照图示进行分散加针，一边沿着相同方向钩织至第 16 行。从第 17 行开始到第 51 行，不加减针做编织花样。将包口 4 等分，分别加线，一边在两侧减针，一边做往返编织。继续看着织片反面，在减针的斜线部分钩织 1 行短针。中途在主体前后 2 处编织纽襻和细绳。从短针的端头和编织花样最终行挑针，用长针钩织提手。提手编织终点对齐相同标记，做卷针缝缝合。穿入 1 条细绳，系好。

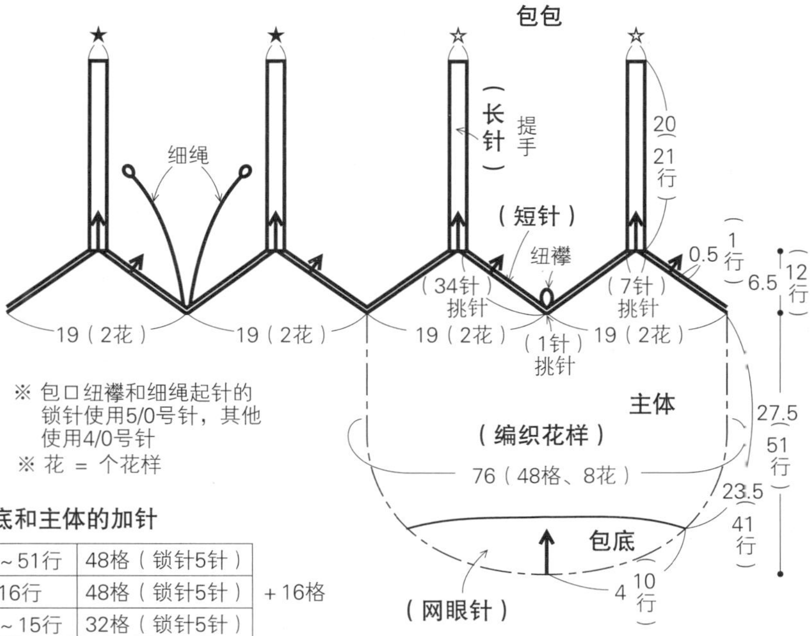

※ 包口纽襻和细绳起针的锁针使用5/0号针，其他使用4/0号针
※ 花 = 个花样

包底和主体的加针

	行	格/针数	
编织花样	17～51行	48格（锁针5针）	
	16行	48格（锁针5针）	+16格
	11～15行	32格（锁针5针）	
网眼针	10行	32格（锁针5针）	
	9行	32格（锁针5针）	+16格
	7、8行	16格（锁针5针）	
	5、6行	16格（锁针4针）	
	2～4行	16格（锁针3针）	
	1行	16针	

作品 23　接 p.98

条纹花样

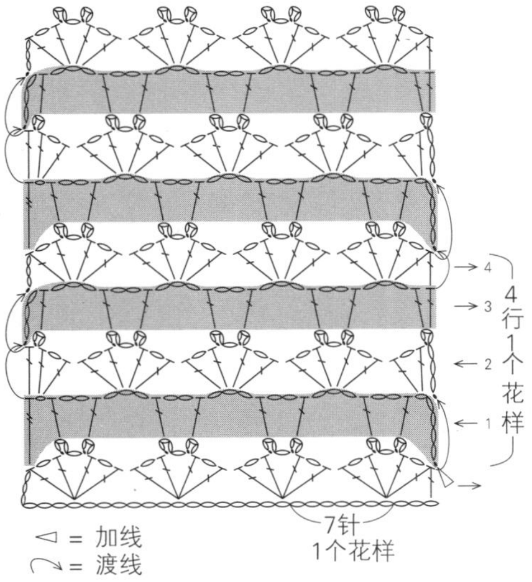

（灰色）	米色
（白色）	乳白色

包底

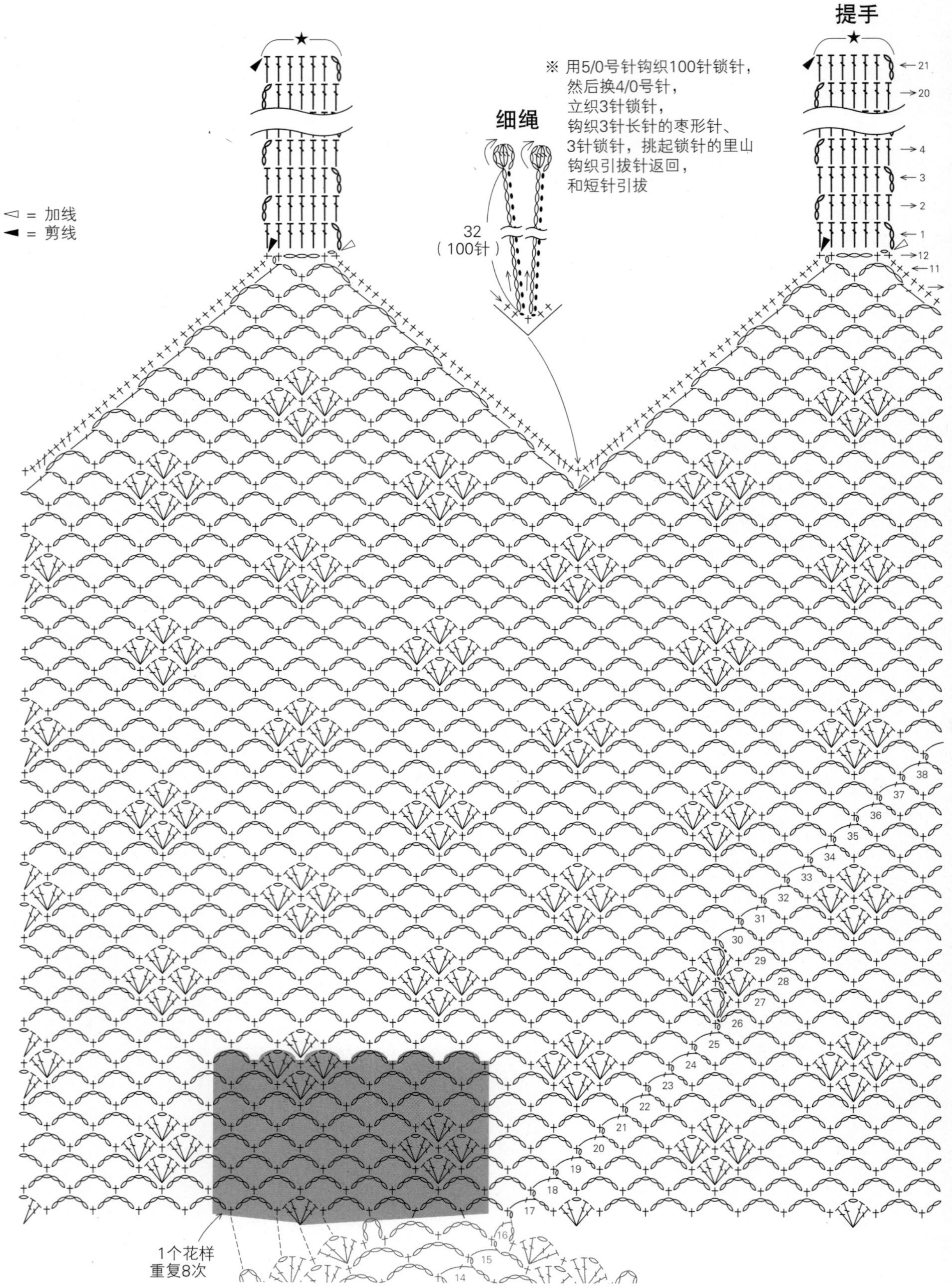
提手
细绳
※ 用5/0号针钩织100针锁针，
然后换4/0号针，
立织3针锁针，
钩织3针长针的枣形针、
3针锁针，挑起锁针的里山
钩织引拔针返回，
和短针引拔
32
（100针）
◁ = 加线
◀ = 剪线
1个花样
重复8次

包包的制作方法

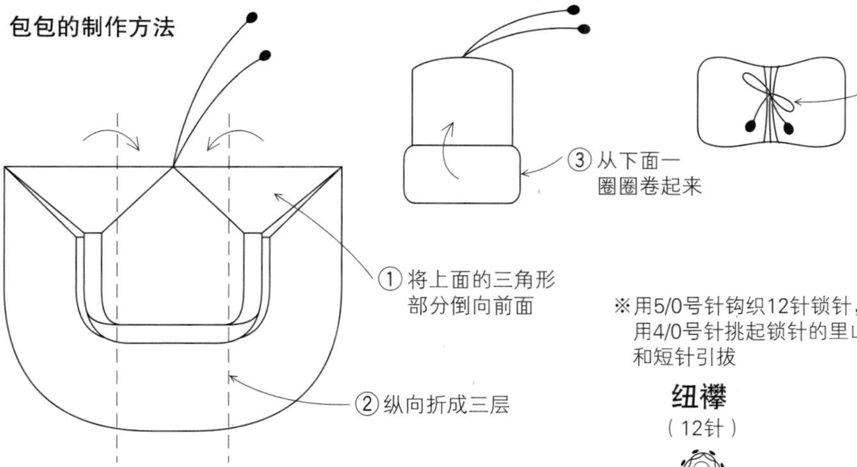

※用5/0号针钩织12针锁针，然后引拔；
用4/0号针挑起锁针的里山返回，
和短针引拔

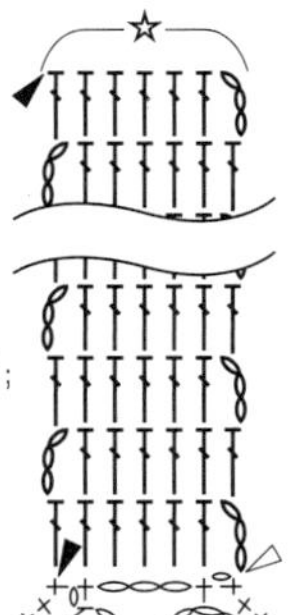

纽襻
（12针）

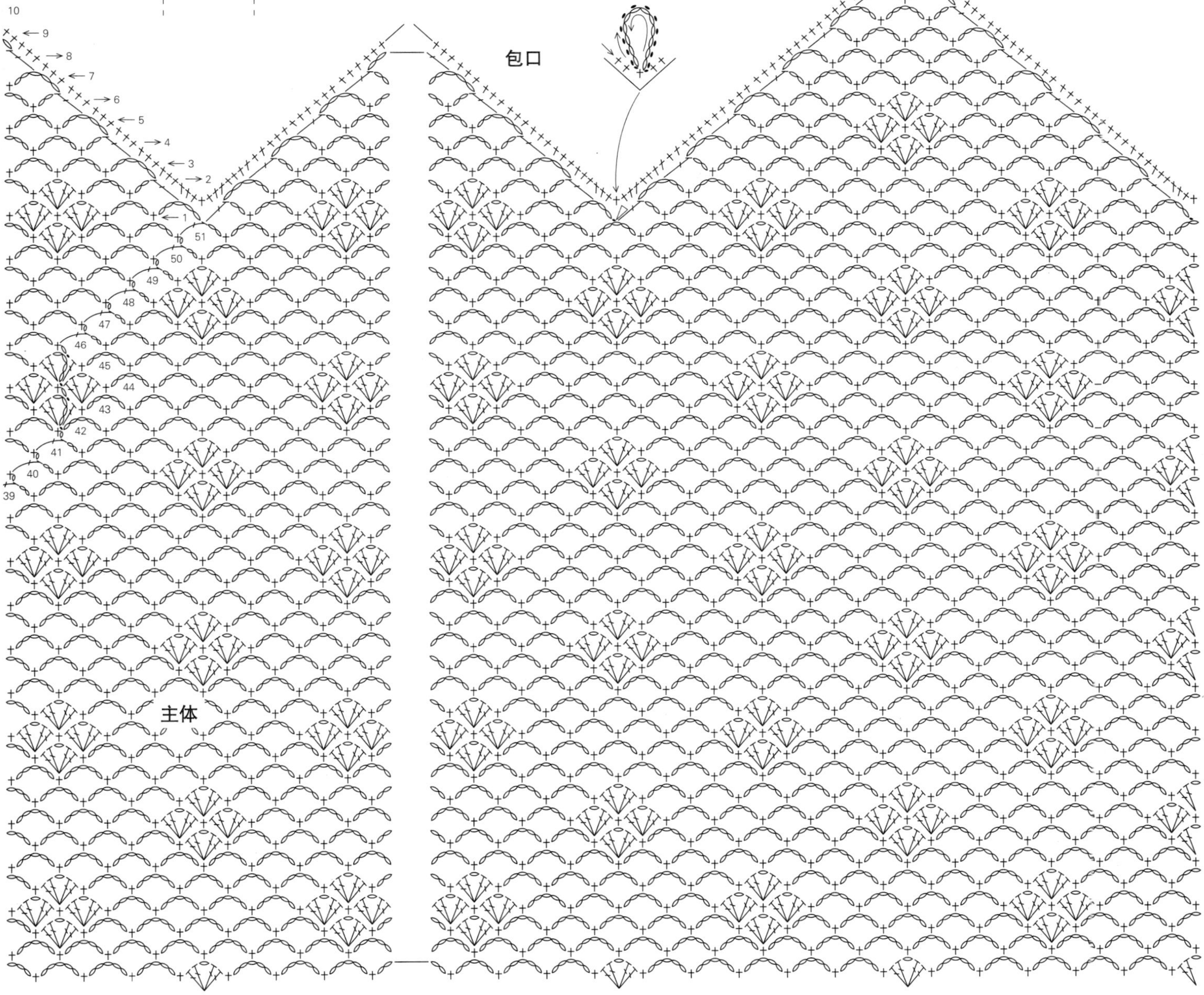

作品 18

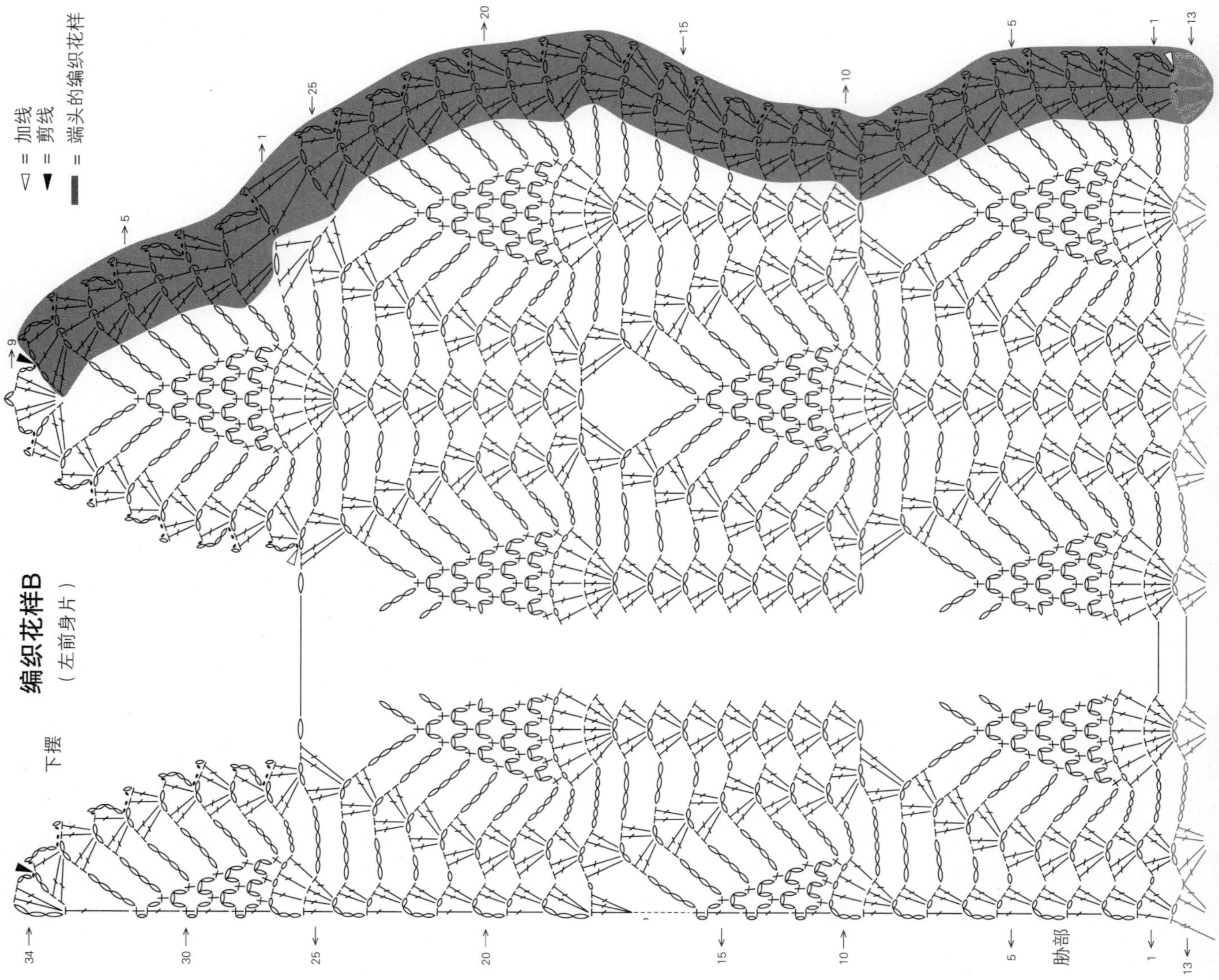

反短针

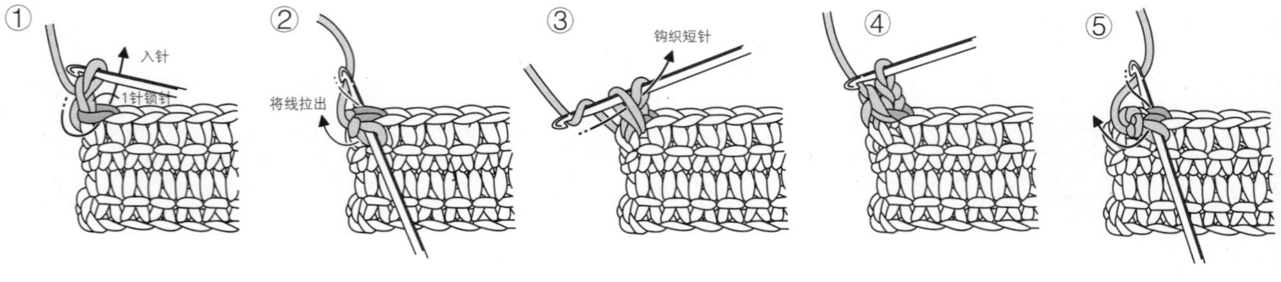

编织花样A

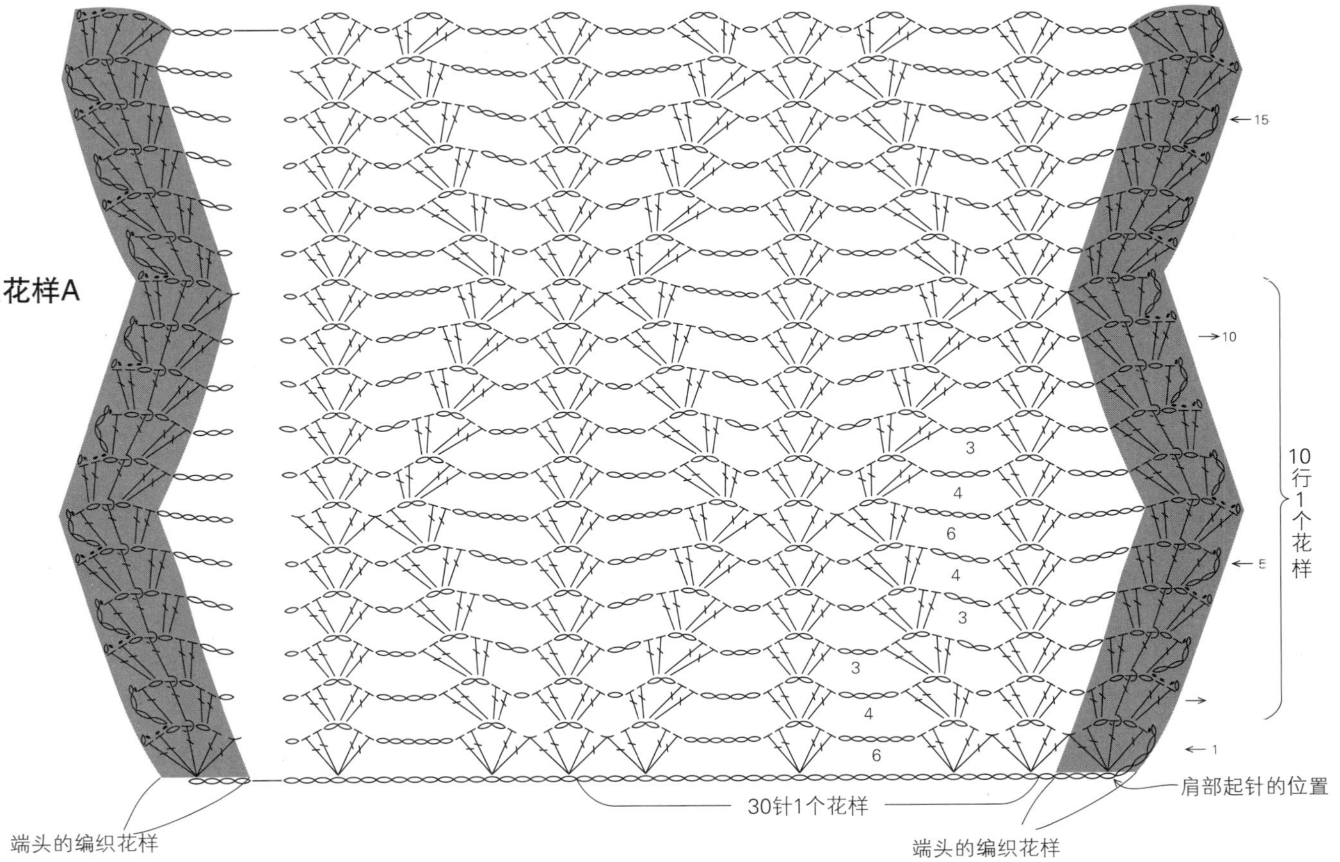

穿过左针的盖针
（3针的情况）

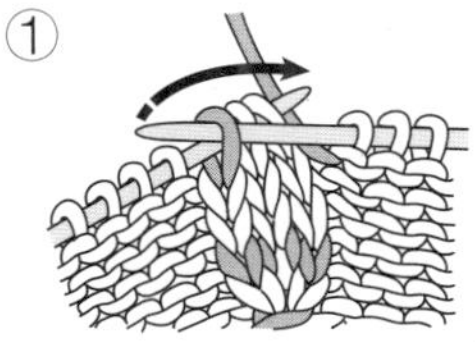

如箭头所示，右棒针插入左棒针的第3针，盖住右侧的2针。

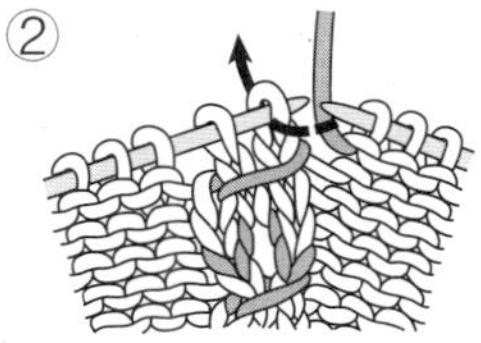

右棒针从织片前面插入左棒针右侧的针目，编织下针。

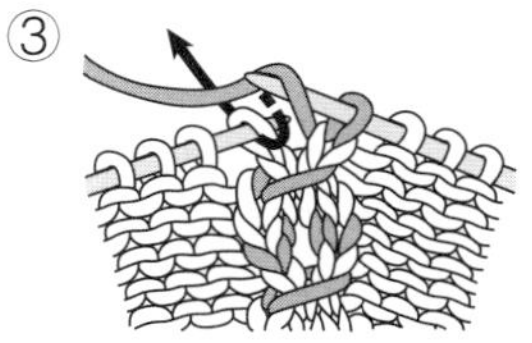

挂针，右棒针插入左侧的针目，编织下针。

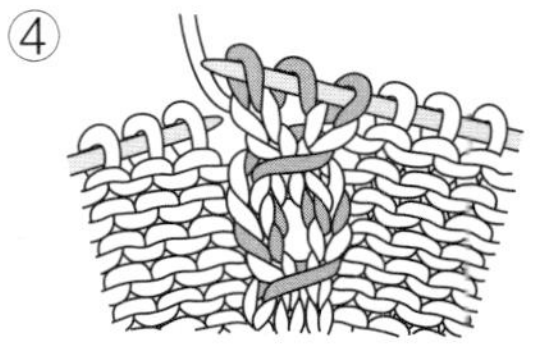

穿过左针的盖针完成。

2卷绕线

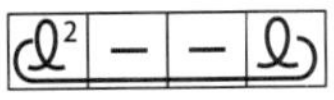

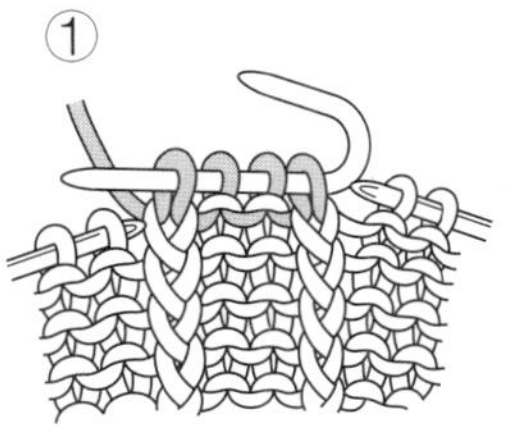

编织4针（扭针和上针）后，将针目移至麻花针。

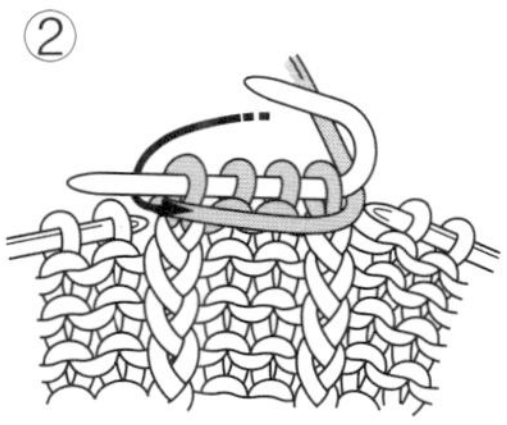

如箭头所示在4针上面缠线。

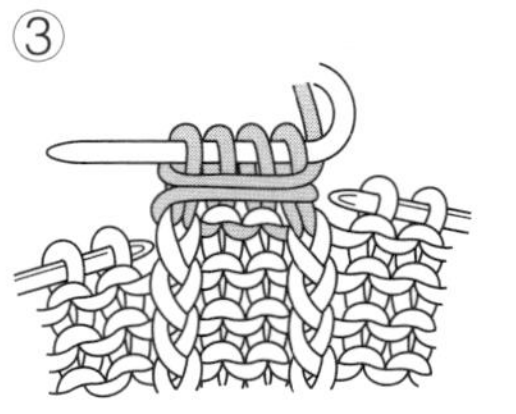

沿着逆时针方向缠绕2次。

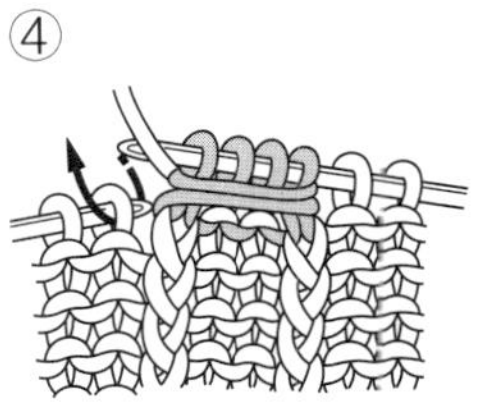

将麻花针上的针目移至右棒针，完成。

滑针
（2行的情况）

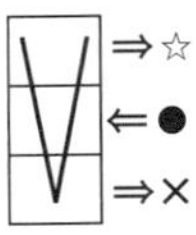

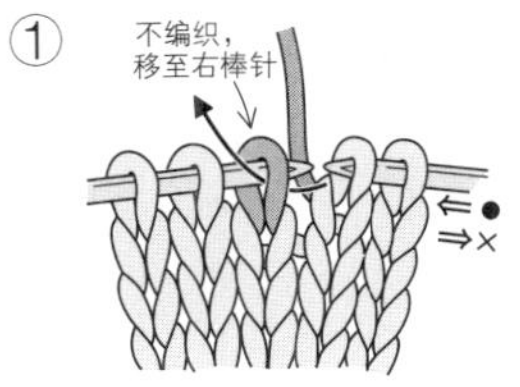

将线放在织片后侧，左棒针上的针目不改变方向直接移至右棒针。

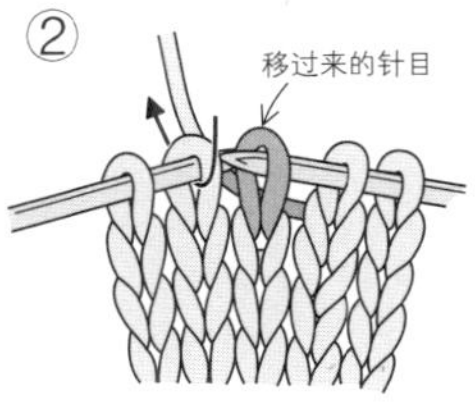

然后将右棒针插入下一个针目编织下针。

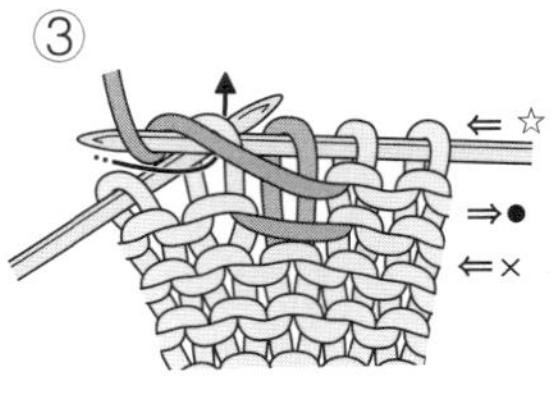

下一行（从反面编织的行）将线放在织片前侧，滑针不改变方向直接移至右棒针。

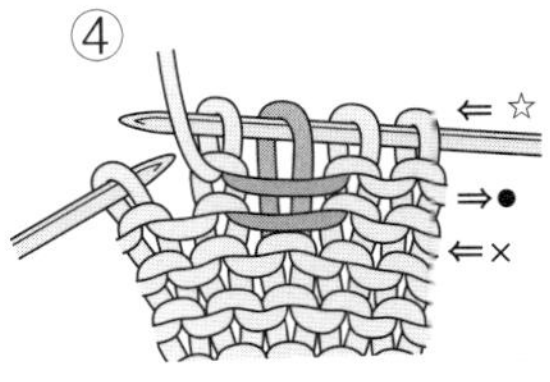

下一针编织上针。2行的滑针完成。

Photographers: Ohshima Akiko
Original Japanese edition published in Japan by NIHON VOGUE Corp.
Simplified Chinese translation rights arranged with BEIJING BAOKU INTERNATIONAL CULTURAL DEVELOPMENT CO., Ltd.

备案号：豫著许可备字-2021-A-0019

图书在版编目（CIP）数据

唯美手编. 12, 清爽怡人的编织 / 日本宝库社编著；如鱼得水译. —郑州：河南科学技术出版社，2022.6
ISBN 978-7-5725-0807-3

Ⅰ. ①唯… Ⅱ. ①日… ②如… Ⅲ. ①手工编织—图集 Ⅳ. ①TS935.5-64

中国版本图书馆CIP数据核字(2022)第067586号

出版发行：河南科学技术出版社
地址：郑州市郑东新区祥盛街27号 邮编：450016
电话：（0371）65737028 65788613
网址：www.hnstp.cn
策划编辑：刘 欣
责任编辑：刘淑文
责任校对：刘 瑞
封面设计：张 伟
责任印制：张艳芳
印 刷：河南博雅彩印有限公司
经 销：全国新华书店
开 本：889 mm × 1 194 mm 1/16 印张：6.5 字数：187千字
版 次：2022年6月第1版 2022年6月第1次印刷
定 价：49.00元

如发现印、装质量问题，影响阅读，请与出版社联系并调换。